图说

二十四节气

ILLUSTRATION OF

可视·可感·可亲 &

镜头下 的 二十四节气

诗文图互释

24 SOLAR TERMS

国馆——著

长江出版传媒 | 长江文艺出版社

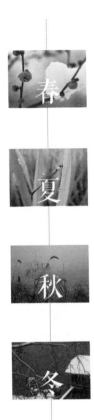

春

春

夏

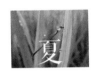

秋

立冬

残秋尽，冬未
隆，正是相
思渐盛时。

小雪

天渐寒，雪
渐盛，又是
一年将尽时。

大雪

一壶温酒，一炉火
锅，三两知己，足
以温暖这个寒冬。

春

立春 | 今年迎气始，昨夜伴春回

立春为正月节，立为建之意，春木之气始至。春立于"冰雪莺难至"之时，所谓"玉润窗前竹，花繁院里梅"，春就在冰雪中静静地培育。不待冰消雪释，便柳色早黄浅，水文新绿微了。

"春已归来，看美人头上，袅袅春幡。"词出辛弃疾《汉宫春·立春》，在这诗意盎然的季节，周围一片勃勃生机，万物生发，心中的舒适美意也便随着一片嫩枝绿芽的舒展而萌发起来。

对于"立春"，《群芳谱》有解："立，始建也。春气始而建立也。"立春期间，气温、日照、降雨，开始趋于上升、增多。

虽然立了春，但是华南大部分地区仍是"白雪却嫌春色晚，故穿庭树作飞花"的景象。这一切对全国大多数地方来说，仅仅是春天的前奏，春天的序幕还没有真正地拉开。

自古以来立春这天就会举办众多活动。宋代的《梦粱录》曾有关于祭祀迎春的记载："立春日，宰臣以下，

立春

入朝称贺。"当时的迎春活动已经从郊野进入了宫廷，成为官吏之间的互拜。

立春时还有"咬春"习俗，主要是吃春饼、萝卜、五辛盘等，在南方则流行吃春卷，街市上都有不少叫卖春卷的小贩，一时间热闹非凡。

立春前后气候干燥，传染性疾病高发，同时春季也是肝胆疾病、脾胃病的高发时段。立春之后应注意晚睡早起，早晨可以穿着宽松的衣服散步或运动，以舒展形体。

饮食总的原则是多甘少酸，甘是指本身口味发甜的食物，如大枣，而不是加工而成的甜食；少酸是因为酸有收涩的作用，不利于阳气升发，也不利于肝的疏泄，因此要少吃乌梅、山楂等。

"阳和起蛰，品物皆春。"立春是二十四节气的第一个节气，过了立春，万物复苏，生机勃勃，一年四季从此开始了。

· 立春节俗 ·

春节 | 爆竹声声入耳，新年岁岁平安

新年伊始，年味的氤氲从门外挤进被窝，唤醒了每一个中国人过中国年的团圆情怀，一醒来，身边不再是在他乡的孤寂，而是一个可以让你放下外在身份地位的存在，也因此让你得以回归真实的为人子女的本色，为人父母的慈祥，为人好友的坦诚。

在外时的风尘仆仆、虚情假意，都在这一天消散不见，化作一声对身边人的问候和祝福，这一年，便算开了一个好头。

春节，是中国民间最隆重的传统节日，辞旧迎新，以示万象更新、生机勃勃的新面貌。传说，年兽害怕红色、火光和爆炸声，而且通常在大年初一出没，所以每到大年初一这天，人们便有了拜年、贴春联、贴窗花、放爆竹、发红包、穿新衣、吃饺子、守岁等活动和习俗。

大年初一早晨，开门大吉，先放爆竹，叫做"开门炮仗"。爆竹声后，碎红满地，灿若云锦，称为"满堂红"。这时满街瑞气，喜气洋洋。

正月初一还会吃蒸年糕，因为年糕谐音"年高"。年糕的式样有方块状的黄、白年糕，象征着黄金、白银，寄寓新年发财的祝愿。

在外奔波多年，忙于应酬招待的游子也许早已厌倦了各类山珍海味。在团圆的饭桌上，集聚了每个人一年中最难以忘怀的味道，每多一副碗筷，便增添一份热闹。

老父亲也拿出珍藏多年的佳酿，满上，举杯庆贺的那一刻，浓烈的酒香氤氲其间。觥筹之间，一种难以言喻的团圆喜悦才在此圆满。

每个人都无法抗拒过年带来的完美体验，这是千年以来全中国人的共同信仰，也正是它，才让我们体验到了什么是人情的温暖与感恩。

元宵 | 一曲笙歌春似海，千门灯火夜如年

国馆君按：这是春节期间的最后一波高潮：吃汤圆、猜灯谜、看舞狮、赏花灯。夜如白昼，万人毕集，士女齐出，欢欢喜喜闹元宵。

元宵节这天是颇让人感慨的一天。

也许我们中大多数人还沉浸在过年的气氛中，但不知不觉就迎来了春节的最后一波高潮，因而有人不禁感慨道："这是我一年中见过我父母最多鱼尾纹的一段日子。"因为能最直接地表达出内心愉悦的动作，只有笑。

农历正月十五，元宵节，又称上元节、春灯节、小正月、元夕节。其中上元之号来自道教，在其神谱中，共有天官、地官、水官三元神，象征天地人三界，上元天官，降生于元月十五，因而上元节也是一个祭神之日。南宋《梦粱录》亦有

载："正月十五日元夕节，乃上元天官赐福之辰。"

中国幅员辽阔，历史悠久，因而元宵习俗在全国各地也不尽相同。但吃元宵（汤圆）可以说是大江南北共有的习俗。虽然它的做法成分风味各异，但都寓意着团团圆圆、和和美美。

"闹元宵，煮汤圆，骨肉团聚满心喜，男女老幼围桌边，一家同吃上元丸。"出自闽南歌谣《元宵月正圆》。脑海里不禁呈现出一幅温馨美满的家庭画面，但汤圆黏性高，不易消化，因此也不可以贪吃。毕竟作为这一节日最美好的点缀，能品透其间的意义便足矣。

"舞凤飞龙成夜市"、"千家把酒赏花灯"，这字里行间无不透出一派喧嚣热闹的景象。耍龙灯、舞狮子、猜灯谜、赏花灯……都是元宵节最欢庆的习俗。

其实，元宵节亦是浪漫的，它也被称为除了七夕之外的第二个中国情人节。欧阳修的《生查子·元夕》描述道："去年元夜时，花市灯如昼。月上柳梢头，人约黄昏后。"

古时因碍于礼节，女子不便随意外出。而在这夜如白昼、热

闹非凡的节日里，借着黑夜的掩护与光影的迷离，年轻人心中的浪漫情绪亦随之而生，多少美好的姻缘佳话，都嵌在了这灯火阑珊的日子里。

"不展芳尊开口笑，如何消得此良辰。"唐伯虎的这句诗正道出了元宵的兴致。黑夜来临，本是日落而息、倒头酣睡的时候。但元宵之时，人们却有了不眠不休的兴致。这高昂的兴致，承载着多少人对美好生活的渴望与追求，也许这就是这一传统节日的初衷所在。

· 立春三候 ·

东风解冻，蛰虫始振，鱼陟负冰

自然界的生物都是按照一定的季节时令生长发育的，无论是植物的发芽、生长、开花、结果，还是动物的冬眠、复苏、繁殖和迁徙，都与时令气候息息相关。

我们的祖先很聪明，他们参照自然界的种种变化，将一年分成二十四节气。二十四节气对应七十二候。具体地说，五天为一候，三候为一个节气，六个节气就是一个季节。

每个节气所对应的三候，无一不与自然界的现象息息相关。

立春三候：一候东风解冻，二候蛰虫始振，三候鱼陟负冰。风行于天地之间，虫蛰居于地下，鱼潜藏在深水里。而立春，便意味着春的气息蔓延到自然界每种生物的神经末梢。

东风解冻，意思是东风送暖，大地开始解冻。《说文解字》注："东，动也。"一个"动"字，意味着蛰居了一冬的天地万物，都要"动"起来了。

蛰虫始振，意思是再过五日，蛰居的虫类慢慢从冬眠中醒来了，蠢蠢欲动。

鱼陟负冰，意思是再过五日，河里的冰开始融化，鱼开始从深水浮游到水面，此时水面上的冰并没有完全融化，就像被鱼儿驮着一般。

东风即春风。东风是中国人理解的八风之一，八风与八方空间相对应。

这八风之中，最受中国人关注的是东风和西风。东风主生，意味着光明和温暖；西风主杀，意味着黑暗和萧条。

"东风夜放花千树"，辛弃疾说东风像一个魔术师，一夜之间，催开了千树万树的花，蕴藏在其中的欣喜莫名感染着每个人。

"东风随春归，发我枝上花"，李白说东风像故人一样，随着春的到来，又回到了这里，殷勤地吹开了枝上的花。

"东风有信无人见，露微意，柳际花边"，苏轼说东风是诚信的，年年随春归，一点也不张扬，只在柳际花边悄悄探出头来。

深受中国人喜爱的东风，不在梅边，便在柳边，是最早预示春天到来的使者。

春回大地，阳气上升，冬眠于地底的蛰虫，对这种气温的变化最是敏感。所以立春二候，便是蛰虫始振。

先民从冬眠的动物中得到启示，冬天尽可能不折腾，少耗能量，这就是俗话说的"猫冬"。一旦天气晴好，便要到户外走动，以适应气候的变化。这种生存方式，与动物何其相似。所谓的天人合一，就是这样了。

二十四节气，在某种程度上也是天人合一的产物。

· 立春诗词 ·

雪消风软柳条新

立春

（宋）王镃

泥牛鞭散六街尘，生菜挑来叶叶春。

从此雪消风自软，梅花合让柳条新。

这是一首春意逼人的诗。人世和自然，和着春的节奏律动。

有人说，中国之美在宋朝。美在精致，美在情韵，更美在这种美接地气，融入宋人的日常生活当中，渗透在宋人的血液里，带着生命的温度。

立春，一个充满希望和能量的日子。

在先民心中，春是可以"打"的。立春日，上至皇宫，下至乡野，都喜乐而虔诚地"打春牛"，鞭散的泥牛，灰尘飞扬。满街的人却纷纷将春牛的碎片捡至家中，视它们为吉祥的象征，将碎片放在各个地方。放置的地方不同，寓含的意义也各不相同。

春也可"咬"。立春时节，民间有"咬春"习俗。《唐四时宝镜》里记载："立春日，食芦菔、春饼、生菜，号春盘。"这天，人们挑生菜，一叶叶的菜里蕴含着无限春；食春饼，在春饼的鲜爽和滋润中，实实在在地用牙齿咬住"春"。

"立春"给自然界带来了什么样的新气象？从此日起，冰雪渐渐消融，吹面而来的风，兀自少了冷凛，柔软得像母亲的手，让人心也跟着温润起来。傲霜斗寒的梅，也悄悄退出了自己的舞台，藏在日渐远去的冬幕背后，该让柳唱主角了。依依杨柳，挑逗着无边的春。

便觉眼前生意满

立春偶成

（宋）张栻

律回岁晚冰霜少，春到人间草木知。

便觉眼前生意满，东风吹水绿参差。

立春是一年之始，宋人张栻用一双善于发现美的眼睛，捕捉到了春到人间的动人情景。

农历十二月属吕，正月属律，立春往往在十二月与一月之交，所以曰"律回"。立春若是在年前，民间称作内春，所以叫岁晚。短短的四个字中，还有这么多机巧在里面，穿梭在钢筋水泥丛中的现代人，哪里又体会得到阴阳交替、四时代序带给人心灵的震颤与欣喜呢。

一元复始，春回大地。冰化雪消，草木滋生，春的信息便在这一消一长中透露出来了。草木及动物，自然界的生灵往往比人还要灵动，它们早已捕捉到流转在这天地之间无形无影的春了。草木用萌动传递春之信息，蛰虫用蠢蠢欲动传递春之信息，春到人间草木知，此言不虚。

扑面而来的春，让人的眼神和心境也随之豁然开朗，触目所及，无不成春，无不饱含着生意。这满满的生意，渗透在天地间，洇开在人的心底，又随着阵阵春风吹起的涟漪一圈圈地荡漾开去。

参差，是一种欣喜交加又带着莫名悸动的情绪。

草木知，生意满，绿参差。春到了天地间，也到了人心里。这洋溢的激情和欣喜，谁说不是一首最美的春之诗呢？

汉宫春·立春

（宋）辛弃疾

春已归来，看美人头上，袅袅春幡。无端风雨，未肯收尽余寒。年时燕子，料今宵梦到西园，浑未办黄柑荐酒，更传青韭堆盘。

却笑东风从此，便薰梅染柳，更没些闲，闲时又来镜里，转变朱颜。清愁不断，问何人会解连环？生怕见花开花落，朝来塞雁先还。

这是辛弃疾的南归之作，或许有某些微言大义在里面。

故国难复的惆怅，故乡渺渺的凄惶，青丝在流年中染成华发的人生迟暮的感伤，统统不说。

在立春这样一个本该雀跃的日子里，词人却不可遏制地陷入伤春的意绪中。自然恒常而人生易老，那一波波愁与恨，绵绵不断，如解不了的连环。

这里，我们不谈国是，只谈风月。

伤春的情绪掩盖不了立春应该属于人间的一切习俗。

春天来到了美人头上。古代立春之日，剪有色罗、绢或纸为长条状小幡，戴在头上，以示迎春。也有剪成春鸡、春燕等形状，佩戴在小儿臂上或胸前。小儿和美人，春意盎然。

春天藏在市民口中。黄柑荐酒，青韭堆盘。立春日，人们喜欢以果品时鲜等佐酒。青梅初熟时，以蜜渍之佐酒，是人们的最爱。喝着黄柑酒，就什么菜呢？当然是春韭了。"正月葱，二月韭"，初春的韭正当时，鲜美莹润。乱世中飘零的杜甫，不也用"夜雨剪春韭，新炊间黄粱"表达他乡遇故人的欣喜与真诚吗？

春天来到了梅梢柳边。东风从此熏梅染柳，一点也不得闲了。

无限春风来海上

减字木兰花·立春

（宋）苏轼

春牛春杖，无限春风来海上。便与春工，染得桃红似肉红。

春幡春胜，一阵春风吹酒醒。不似天涯，卷起杨花似雪花。

春回大地，时间空间上都体现出来了。

当王之涣在感慨"羌笛何须怨杨柳，春风不度玉门关"时，远谪蛮瘴僻远之地的苏东坡，却以欢快雀跃的心境迎接海南之春。

海南的春，在风物习俗上与中原似乎没有多大区别。春牛、春杖、春风、春幡、春胜，一连串的春字叠用，堆叠起无限春。我们都禁不住要跟着苏子欢呼雀跃了。与其他逐客独在异乡黯然神伤不同，他是随遇而安的。这份随遇而安背后是他的旷达，他的自适，他笑对人世间风雨沧桑的大气度与大胸襟。

何人不起故园情，心到安处是吾乡。

人最宝贵的东西是生命和心灵，把命照看好，把心安顿好，人生即是圆满。

于是，触目所见，无不是春。

雨水 | 最是一年春好处，绝胜烟柳满皇都

今日雨水，春属木，木依水而生，故东风解冻，温润散为雨。鞭炮余留的云烟还未完全散去，路边的树木已冒出嫩绿的新芽，此时若来一场细雨和风，则别有一番清爽的春意。

雨是灵动的，是充满生机的，正如其古字结构解读所说：上面一横象征天，横下面的穹隆形，象征云气升腾，说明"无云不成雨"；风流云散，别而为雨，由此，穹隆下有四行雨点，每行三点。这个象意，四是四方，四维；三是雨露滋润，天地气和而成甘霖，一生二，二生三，三生万物。

雨水节气一到，树梢微风轻拂，树间阳鸟起伏和鸣，春雨至矣。飞雨入阶廊，雨羞风轻，有雨必有云，春云淡冶如笑，春雨便苍翠欲滴。待雨后柳烟成阵，便春意宜人了。

古人将雨水分为三候："一候獭祭鱼；二候候雁北；三候草木萌动。"獭祭鱼，獭为水獭，鱼感水暖上游，水獭捕食，往往吃两口就扔于岸上，古人认为是以鱼祭水；候雁北，雨水后五日，热归塞北，寒去江南，大雁由此

雨水

感知到春信，即刻北飞；草木萌动，再五日，雨媚风娇，草长莺飞。

雨水之后要特别注意春捂，这时气候乍暖还寒，有些人急于脱棉衣，故有"二八月乱穿衣"之说。早晚仍有较大温差，不宜过早穿单衣，否则容易感冒。

春季阳气升发，很多人开始感到"春困"。此时人体血液循环加快，机体需要更多的养分。对于春困，可以从两个方面来调理。一方面，多参加户外活动，呼吸新鲜空气，补给身体中的氧气，《黄帝内经》有言："春三月，晚睡早起，披发缓行，广步于庭。"另一方面，要注意健脾，以提高身体对水谷精微的吸收能力。

雨水节气的饮食原则是少酸多甘、健脾抑肝，这时可多食蜂蜜、大枣等。另外也要少吃肥厚油腻的食物，宜吃韭菜、香椿、菠菜、百合、山药等蔬菜；水果方面可多食柑橘、苹果。此外，春季多风，气候变暖，也要注意补充水分，避免口鼻、皮肤干燥。

人体的变化与自然万物一样。随着春季万物复苏，人体各个"开关"也随之打开，人的奋发之心也随之被唤醒。"一年之计在于春"，每个人都会背上行囊，伴着和风细雨、踏着春泥绿草，出发寻找新一年的美好。

· 雨水节俗 ·

中和节 | 未来一年的鸿运，从今日始

一年之计在于春，而一年的鸿运则在于"二月二，龙抬头"
这一天。

这一天，东方地平线上将会升起龙角星，而民间传说中，神
龙会在这一天苏醒升天，兴云布雨，人们会在此时焚香祷告，
以祈来年风调雨顺。

而在这一天理发，被称为"龙剃头"，亦有鸿运当头、精神
饱满、时时吉祥之意。大地回春，万物更新之际，理发迎新，
正合一年蓬勃之气。

"龙不抬头雨不起"，龙作为掌管降雨的神仙，对农民来说
尤为重要。当日，吃饼者曰"食龙鳞饼"，食面者曰"食龙
须面"。妇女该日不做针线活，恐怕伤龙眼；读书人是日始

进书房，谓占鳌头。人们在这一天舞龙、剃龙头、戴龙尾、开笔，祈望神龙庇佑新的一年万事顺利。

"龙抬头"和"惊蛰"日子往往非常相近。惊蛰时百虫萌动，疾病易生，而龙是鳞虫之长，神龙一出则百虫伏藏。

二月二日，也是迎富之节。古人正月末"送穷"，二月二日"迎富"。宋人有诗曰："才过结柳送穷日，又见簪花迎富时。谁为贫躯竟难逐，素为富逼岂容辞。贫如易去人所欲，富若何求我亦为。里俗相传今已久，漫随人意看儿嬉。"

过去人们将龙抬头这一天算作年节的终止，开始停止娱乐活动，恢复常业，因此也叫"春耕节"，扶犁的人会在这一天牵牛到田里象征性地耕一耕田，并唱喜歌："犁破新春土，牛踩丰收亩。春种一粒粟，秋收万颗籽。"

唐朝时有在这天挑野菜之俗。仲春二月，正是春暖花开时节，杨柳吐翠，遍地野菜，人们在这天品尝春天。宋人有诗："久将松芥芼南羹，佳节泥深人未行。想见故园蔬甲好，一畦春水辘轳声。"

"二月二"还被称为中和节。中和，指的是天地万物都各得其所，达到和谐境界，我们顺应自然万物的演变才能获得和谐，从此步入春天。

如今我们虽然已经不再遵守许多习俗，也不再知道许多传说，但却少了一份敬畏。在古人的想象中，有一条龙，此刻吐气为雷，雷出地奋。而雷风相搏，引发出了春的生机勃勃。

· 雨水三候 ·

獭祭鱼，候雁北，草木萌动

紧接着立春的节气是雨水。

《月令七十二候集解》曰："正月中，天一生水。春始属木，然生木者必水也，故立春后继之雨水。且东风既解冻，则散而为雨矣。"

春天是木性，但生木者必需水。也可以说，立春之后，气温回升，降水增多，所以立春之后便是雨水。

雨水节气的三候是，一候獭祭鱼，二候候雁北，三候草木萌动。

一候獭祭鱼很有意思。立春时节，鱼从水底向上游，正好给水獭提供了食物。水獭将鱼摆在岸边，好像先祭后食的样子。这个"祭"字，将"人"性付与了獭，庄严中带有一点点天真。所谓的天人合一，无时不在，无处不在。

水獭捕到鱼后，把它咬死放在岸边，像陈列祭祀品一样，再下水去。等捕来的鱼足足够它吃一顿时，它才会美美在岸边吃上一餐。

《月令广义》上说，如果獭不祭鱼，则意味着盗贼纷起。这当中有何联系呢？獭不祭鱼，意味着岁时失序，岁时失序，风不调雨不顺，意味着农民没有好的收成。没有粮食吃，自然会盗贼纷起了。

二候候雁北，更是渊源极深。雁随着季节冷暖，冬去春来，按时往返，给人诚信之感。自古以来，人类赋予它特别的精神内涵，寄托着人世间的悲欢离合。

它寄托着游子的深深思乡之情。每到秋来，大雁乘长风，排成雁阵，奋力向南方飞去越冬。羁旅他乡的游子将满腔乡思托付给振翅南飞的鸿雁。

"凉风起天末，君子意如何。鸿雁几时到，江湖秋水多。"鸿雁是传情的使者，诗人在呼唤着它，几时才能来？

它更寄托着离人的相思。唐诗三百首，篇篇是情愁，雁背负着的情愁尤其多。"云中谁寄锦书来？雁字回时，月满西楼。""西风紧，北雁南飞。晓来谁染霜林醉？总是离人泪。"莫不如是。

三候草木萌动。从水里的鱼，到空中的雁，再到地上的草木，天地万物，无往而不在节气的变化当中。

雨水时节，草木尚在萌动之中。《说文解字》说："萌，草芽也。"在雨水的滋润中，草木随阳气的升腾开始抽出嫩芽。"萌"字从字面上看，上草下明，意思是草已经看得清楚了，在萌芽状态。

《礼记·月令》说孟春之月，"天地和同，草木萌动"，自此之后，便是欣欣向荣的气象了。

"知者见于未萌""圣人见微而知萌"，在先民的心中，真正的智者或是圣人，在"未萌"之时，便能预知事物发展的规律或方向了。

· 雨水诗词 ·

随风潜入夜，润物细无声

春夜喜雨

（唐）杜甫

好雨知时节，当春乃发生。随风潜入夜，润物细无声。

野径云俱黑，江船火独明。晓看红湿处，花重锦官城。

在唐代诗人中，杜甫是充满人情味的诗人。这种浓浓的人情味，甚至投射到他关照的自然物象上，比如春夜里的一场喜雨。

雨，是无生命的，无悲无喜，可在杜甫这颗充满感恩和人情味的心中，这雨是带着喜气的，乖巧得很。它知道什么季节该来——当春乃发生。也知道什么时候来——随风潜入夜，不张扬，不骄矜。更知道以怎样的方式来——润物细无声，无声地温柔地浸润大地万物。

那个"喜"字在诗里虽然没有露面，但"喜" 意都从罅缝
里迸出来。

他如此欢喜，自然睡不着觉，听着春雨潜入夜、细细无声还
不罢休，又情不自禁地想象天明以后，春色满城的情形。是
有怎样的赤子之心、人间情怀，才会为自然界的一场春雨润
泽万物而由衷欣喜！

写这首诗的时候，他正好经过了一段流离转徙的生活，来到
了成都定居。在这里他有了自己的草堂，也过了一段相对安

定的生活。躬耕南亩，养花种菜，像一个农民一样依赖天时，也因此对自然的馈赠充满深深的感恩。

活在这珍贵的人间，雨水像生命一样珍贵。

润泽万物的春雨，是高贵的。而懂得感恩并推己及人的诗人，一样高贵。

天街小雨润如酥

早春呈水部张十八员外

（唐）韩愈

天街小雨润如酥，草色遥看近却无。

最是一年春好处，绝胜烟柳满皇都。

写这首诗时，韩愈已经年近花甲，是个小老头了。

可诗中全无半点伤春的衰飒之气，不但自己兴致颇高，还把这种拥抱春天的正能量竭力传达给友人张籍。韩愈约张籍游春，张籍却因年老事多推辞，于是他作了这首诗，极言早春之美，借此撩拨友人的游兴。

这是一个热爱生活并积极投入、活在当下的可爱的人。

他说初春的雨是美的。怎么美？"润如酥"，初春丝丝点点的雨落在人身上，麻酥酥的；酥更是一种心理感觉，四肢百骸舒泰惬意，其美妙只可意会不可言传。

初春的小草，刚刚萌芽，有了雨的润泽，更是绿得剔透。远看似有，近看却无，淡淡的青痕，有如水墨画家抹出的一笔，灵动而欣欣。

初生的事物，有无限的可能，有希望，自然是最美的。"最是一年春好处，绝胜烟柳满皇都。"初春的美比起晚春已呈衰退之势的美，自然要好得多了。等"烟柳满皇都"，大家都说美的时候，美已到了极致。

花至半开，酒至微醺，最美。
韩愈是真正懂得美的诗人。

小楼一夜听春雨

临安春雨初霁

（宋）陆游

世味年来薄似纱，谁令骑马客京华。

小楼一夜听春雨，深巷明朝卖杏花。

矮纸斜行闲作草，晴窗细乳戏分茶。

素衣莫起风尘叹，犹及清明可到家。

写这首诗时陆游已经 62 岁。

遍经家国忧患和世态炎凉，铮铮铁骨消磨在了京华软红尘和薄似纱的人情反覆中。客居京华，垂垂老矣，仅有的一丝热情之火尚未熄灭。在听候皇帝召见的客栈中，一场春雨，激起了他无尽的感慨，也成就了一首千古名作。

"小楼一夜听春雨，深巷明朝卖杏花。"心中交集的百感化作了这样恬淡的一句，如露珠垂落在你的掌心。

没经历客居异乡的疏离，无权谈故乡的温柔。骑马客京华，一夜听春雨，实在是忧心如焚的无奈之举。

没经历漫长莫测的等待，不可以谈相聚之美。"矮纸斜行闲作草，晴窗细乳戏分茶"，等待的漫长与忐忑，全融化在了"闲作草"和"戏分茶"的生活情味中。时光，就是这样消磨的，随之而去的，还有青春和激情。

谁愿意四处漂泊？尤其对一个暮年华发之人。

归来吧，归来吧，浪迹天涯的游子。远处似乎有一个声音在呼喊他。

他说，快了，莫急。犹及清明可到家。

东风夜放花千树

青玉案·元夕

（宋）辛弃疾

东风夜放花千树。更吹落、星如雨。宝马雕车香满路。凤箫声动，玉壶光转，一夜鱼龙舞。

蛾儿雪柳黄金缕。笑语盈盈暗香去。众里寻他千百度。蓦然回首，那人却在，灯火阑珊处。

雨水节气中，有个重要的节日——元宵。

这天，无论是宫廷还是民间，都会张灯结彩闹元宵。《东京梦华录》中这样描述元宵："每逢灯节，开封御街上，万盏彩灯垒成灯山，花灯焰火，金碧相射，锦绣交辉。京都少女

载歌载舞，万众围观。"

这是一场视听狂欢。"东风夜放花千树。更吹落，星如雨"是视觉上的 。辛弃疾想落天外，说东风吹放的礼花，像星雨一样散落红尘。然后是嗅觉上的"宝马雕车香满路"，上元之夜，东京俨然成了一座芳香之城。接着是视觉上的"一夜鱼龙舞"，通宵达旦，载歌载舞。

浩歌狂热之中，他感到了寂寞。美人头上戴着亮丽的饰物，笑语盈盈从他身旁走过。这又如何呢？弱水三千，他只取一瓢饮，偏偏众里寻她千百度。正当惆怅之际，蓦然回首，那人却在，灯火零落处。

寻她千百度的苦瞬间融化在蓦然回首的惊喜莫名中。

王国维认为古今之成大事业、大学问者，必经过三种境界，第三境界即"众里寻他千百度，蓦然回首，那人却在灯火阑珊处"。这第三境，是"踏破铁鞋无觅处，得来全不费工夫"的愉悦，是"山重水复疑无路，柳暗花明又一村"的欣喜，是于山穷水尽之际猛然顿悟的"慧"，是返璞归真的"真"。

其意义永不枯竭，常读常新。

惊蛰 | 微雨众卉新，一雷惊蛰始

国馆君按：朦雾升起而凝成水滴，云层密集而惊起闷雷。万物萌动，草长莺飞，大自然以雷为号角，鸣醒蛰伏已久的芸芸生命。

轻雷隐隐初惊蛰。一场春风细雨，唤醒了一声轻雷，它或隐匿在云层深处，又或遥传至远处天边，这一切，又或许出现在你午后的朦胧睡梦中：嘈杂鸟儿、阡陌牧车，万物效仿破茧成蝶，拨开蛰居了整个冬季的泥土，揭开惊蛰的诗篇。

惊蛰，太阳黄经345度，二月节。古人称冬眠为蛰，蛰为守，"割房霜为匕，天寒百虫绝"，蛰隐是为养生。万物出为震，震为雷，惊醒为慌，惊慌为乱，春雷为鞭策，劳碌一季重新开端。

惊蛰分为三候："一候桃始华，二候仓庚鸣，三候鹰化为鸠。"

一候桃始华。桃之天天，灼灼其华，乃闹春之始；红入桃花嫩，青归柳叶新，流水桃花，便勾引出千媚百态。

二候仓庚鸣。仓庚为黄鹂，黄鹂最早感春阳之气，嘤其鸣，求其友。仓为青，青为清，庚为更新。"昔我云别，仓庚载鸣"，文人由此也称它"离黄"，"离黄穿树语断续"就成了悲声。

惊蛰

三候鹰化为鸠。古称布谷鸟为鸠，春时因"喙尚柔，不能捕鸟，瞪目忍饥，如痴而化"。到秋天，鸠再化为鹰。

农谚有云："到了惊蛰节，耕地不能歇。"南方开始犁地耕田，北方的小麦则已开始返青拔节。此时的乡村田野上，处处可见弓背弯腰、辛勤劳作的农民。他们高歌吆喝，忘却疲劳，日出而作、日落而息。即使泥染衣腿，也打不断他们那"浴乎沂，风乎舞雩，咏而归"的兴致。

天气渐暖，草虫渐生，在惊蛰这一天，地方百姓还会用香草熏房，或者在门槛外面撒上石灰，防止蚂蚁等小虫上门。

惊蛰时节，气候还不完全稳定，乍暖还寒的天气，空气比较干燥，很容易使人口干舌燥、外感咳嗽，而鲜甜多汁的梨有润肺止咳、滋阴清热的功效，因此民间在惊蛰这天有吃梨的习俗。

惊蛰后微风起，放风筝的时节到了。风入肝，可助肝气抒发，同时户外活动可以接触更多阳光，有助于颐养阳气。另外，惊蛰时节也可多登山，因在登山过程中人体会微微出汗，是发散之象；二则登顶时可极目远眺，可休息眼睛，肝开窍于目，是养肝舒肝之法。

季春三月，多有淅淅沥沥的雨点敲窗而来，是时河水涌奔如行板成歌，伴着"蝶衣晒粉花枝舞"的雅致、和着"池塘水满蛙成市"的喧闹，惊蛰这天，便是大自然恩赐予我们的一场美梦。

古人爱花，便特地于农历二月初二这天，趁着春暖大地、百
花盛开，全民共庆百花生日。那时候各地画匠花友聚集一堂，
拼着插画手艺；街上到处流窜着花贩子，肩上挑着整担芍药，
一路花香，一路叫喊；更有不少青年男女漫步于花间小巷，
赏花说情，侬侬蜜语如鲜花盛开；夜间的黑也丝毫掩盖不住
花的灿烂与妖媚——民间百姓在花树枝梢上张挂起"花神
灯"，灯火与花枝交相辉映，将夜晚的浪漫发挥到极致……

花朝节来源

花朝节是我国民间岁时八节之一，也叫花神节，俗称百花生
日。早春时节，正是各地陆续举办花神庆贺之日。诗人袁宏
道在《满井游记》中写道："花朝节后，余寒犹厉。"

因为如此，各地花朝时间也就不一了。部分地区在惊蛰与春分节气之间举办，那时候春回大地，万物复苏，草木萌青，百花含苞欲放，许多百姓，尤其是花农，都要祭百花以求顺利庇佑。《梦粱录》有记载："仲春十五日为花朝节，浙间风俗，以为春序正中，百花争望之时，最堪游赏。"古人对于这一节日的兴致，可谓是狂热至极。

一来赏花喜心悦目，舒展一时抑郁之气；
二来托念以求庇佑，祈祷一年四季安顺。
民俗，大多如此，承载着人心的向往。

花朝节传说

"便赋新诗留野客，更倾芳酒祭花神"，这是朱熹咏花神的诗。世界各地的文化中几乎都有花神的形象，而我们的花神长什么样呢？中国的花神也有多种传说，但历来人们一致认为她是女性形象。

《淮南子·天文训》载："女夷鼓歌以司天和，以长百谷禽鸟草木。"女夷者，主春夏长养之神，世所谓花神也。《月令广义》谓："女夷，主春夏长养之神，即花神也。"又有书中说花神女夷是魏夫人的女弟子，名叫花姑，她餐风饮露，统领群花。《花木录》称："魏夫人弟子善种花，号花神。"

花朝节习俗

古人流传下来的花朝节习俗主要有花朝庙会。各地百姓到了二月初二这天，聚集于花神庙内设供，以祝神禧。有些地方讲究用素馔供奉，有些地方则要演戏娱神，因此不少百姓慕名而来，共襄盛举，而到了晚上，众人则要提着各式各样的花神灯，在花神庙附近巡游，以延伸娱神活动。

除了花朝庙会，百姓还喜游春扑蝶。旧时候，每逢花朝，文人雅士便会邀三五知己，赏花之余饮酒作乐，吟诗作对，高吟竟日。作有《桃花扇》的元曲作家孔尚任便以《竹枝词》来形容花朝节的盛况："千里仙乡变醉乡，参差城阙掩斜阳。雕鞍绣辔争门入，带得红尘扑鼻香。"

词人欧阳修有一词曰："聚散苦匆匆，此恨无穷。今年花胜去年红，可惜明年花更好，知与谁同？"赏花有意，故人无情。人生总是在不断地告别，不断地相逢，花落花开，人来

人往，能常年逢春一起赏花的人，便也算一桩幸福的缘分。

人生苦短，及时行乐，珍惜眼前人，不要落下多愁如词人姜夔"念桥边红药，年年知为谁生"那般遗憾。

· 惊蛰三候 ·

桃始华，仓庚鸣，鹰化为鸠

惊蛰这个节气的命名，最是形象生动。

到了这个节气，开始有雷，蛰伏的虫子像受到惊吓一般，纷纷苏醒过来，结束冬眠，从地底爬出来。

这个节气一来，气温迅速回暖，植物疯狂生长。

惊蛰三候是，一候桃始华，二候仓庚鸣，三候鹰化为鸠。

一候的五天里，萌动的桃花开始盛开了。

二候的五天里，黄鹂鸟感受到春天的气息开始鸣叫。

三候的五天里，大地回春，很多动物开始繁殖，蛰伏的鸠鸟开始鸣叫求偶。古人认为惊蛰前后，鹰化为了鸠，这是一种误解。鹰的繁殖比较隐蔽，比较少见。古人很少看到鹰，而身边的鸠仿佛一下子多了起来，便误以为鹰化成了鸠。

桃花在中国古代有特殊的寓意。《诗经·桃夭》是诗三百之首，全篇以桃花起兴，描绘了时人心目中理想的女子标准是"宜室宜家"。此女既有艳若桃花的外表"桃之夭夭，灼灼其华。之子于归，宜其室家"，又有美好的品德"桃之夭夭，有蕡其实。之子于归，宜其家室"。桃花是美好，是热烈，是幸福，是繁荣，也是自由。陶渊明虚构的美好自由世界，不叫别的，叫桃花源。

仓庚即黄鹂，是报春的鸟儿之一，它们的鸣叫声清脆悦耳，婉转宜人。说起春天，便离不开它。

两个黄鹂鸣翠柳，一行白鹭上青天。
留连戏蝶时时舞，自在娇莺恰恰啼。
映阶碧草自春色，隔叶黄鹂空好音。
几处草莺争暖树，谁家新燕啄春泥。

春天的画布上，哪里离得了它的倩影？
这便是中国人，诗意地栖居在大地上。
二十四节气，关乎农时农事，也关乎诗意。

三候鹰化为鸠，虽然是古人犯的一个错，但是个美丽的错误。

刘基《郁离子》中有一个鹰化为鸠的故事，是故意将这个错误坐实的吧?

故事说，岷山的鹰化为鸠后，飞翔在树林之间，得意之间，忘记自己是鹰化成的，一声鸣叫，吓坏了许多其他的鸟。乌鸦观察后，发现它并不是真正的鹰，跑到它面前聒噪，鸠仓皇不知所措，却也无可奈何，因为它发现自己的爪子和嘴也全无用处了。郁离子说：

鹰，天下之鸷也，而化为鸠，则既失所恃矣，又鸣以取困，是以哲士安命而大含忍也。

这番话奉劝哲士安命，隐忍世间，以待时机，倒是切合了惊蛰这一节气的特征。蛰伏了一冬的万物，只待一声惊雷唤醒，便要登上世界舞台，淋漓挥洒自己的生命和激情了。

雷动风行惊蛰户

春晴泛舟

（宋）陆游

儿童莫笑是陈人，湖海春回发兴新。

雷动风行惊蛰户，天开地辟转鸿钧。

鳞鳞江色涨石黛，嫋嫋柳丝摇麴尘。

欲上兰亭却回棹，笑谈终觉愧清真。

惊蛰时节，雷动风行，动物植物纷纷从沉睡状态中醒来，用各自独特的方式迎接春天的新生。整个宇宙就像天地初开的时候，完全是一番新气象。

诗人也不例外，在一个大好晴日，不忍辜负了春光，泛舟湖上。新景、新人、新气象，一片欣欣之中，他感慨自己年龄有点大了，有点羞愧地说"儿童莫笑是陈人"。庄子说，"人而无人道，即谓陈人"，按理老年人不会像孩子一般追逐春的脚步，出外赏春的。

波光粼粼的江水上涨淹没了黑色的礁石，嫩黄纤柔的柳枝摇摆色淡如黄尘。有美景如斯，诗人也未能浑然忘我，恐他人笑话的小心思一直没有放下，想上岸去亭子里，那儿不会太招人耳目。

他终于还是忍不住划起了船桨。这么美好的春光，尽付笑谈中，不好好享受，岂不是白白浪费？有点"愧对清真"了。

看完这首诗，忍不住想笑。看来诗人晴日泛舟并不尽兴，其间有多少曲曲折折、忸忸怩怩呀。这不像那个适性任情的陆放翁，也不像那个"男儿到死心如铁"的"亘古一放翁"。老得有点天真。

众蛰各潜骇，草木纵横舒

拟古·仲春遘时雨

（晋）陶渊明

仲春遘时雨，始雷发东隅。众蛰各潜骇，草木纵横舒。

翩翩新来燕，双双入我庐。先巢故尚在，相将还旧居。

自从分别来，门庭日荒芜。我心固匪石，君情定何如？

这首诗初看很平淡，多读两遍，却能看出它的绚烂来。

它有风趣，也有风骨。这就是陶渊明的样子。

真正的诗意，是在庸常的生活中，发现不同寻常的趣与美。春秋代序，节气轮转，对现代人来说，又会引起多少心灵的共振或是呼应？但在诗人心中，每一阵雨，每一声雷，每一叶草木的萌动，都会逗引他的诗心。

仲春二月，逢上了一场及时雨。第一声春雷，亦从东方响起。冬眠的蛰虫，皆被春雷惊醒了。沾了春雨的草木，纵横舒展开来，好一派勃勃生机。

就在这个春天的大背景里，诗人将目光投向了一双燕子，并别开生面地对它说了一段极为风趣的话。

一双刚刚到来的燕子，翩翩飞进诗人的屋里。它们像诗人的老朋友一样一下子便寻到了旧巢，飞了进去，住了下来。燕子这样贞信，这样恋旧，令诗人感动莫名。这样的生灵，在他的眼中心里，原是有人情味的，就像他的故交旧友一样。所以，他忍不住对它们轻言细语地说：自从去年分别以来，我家的门庭一天天荒芜了。我的心是坚定不移的，但不知你们的心如何？

他知道燕子会怎样回答，它们"相将入旧居"的行动，便是最好的回答。这一声反问，其实是在彰显自己不悖旧恩的风骨，也是对所有质疑者最好的反驳。

在仲春二月，看一双燕子，在古老的庭院衔泥筑巢。然后，用无数个青翠的日月堆砌成一座岁月的城墙，任情任性，走完一生，多么好。

微雨众卉新，一雷惊蛰始

观田家

（唐）韦应物

微雨众卉新，一雷惊蛰始。田家几日闲，耕种从此起。
丁壮俱在野，场圃亦就理。归来景常晏，饮犊西涧水。
饥劬不自苦，膏泽且为喜。仓廪无宿储，徭役犹未已。
方惭不耕者，禄食出闾里。

韦应物，一个出身世族、早年在唐玄宗身边风光无限的公子哥，在安史之乱后，将目光投向了山水田园，投向了底层的劳动者，实在难得。

二十四节气，是中国古代订立的一种用来指导农事的补充历法。所以，从农事中最能体现节气的变化了。

韦应物的这首诗，写的是惊蛰前后。它在民间，带来了哪些变化？用他的诗一句句回答吧。

一场细细的春雨使万物充满生机，一声隆隆的春雷昭告了惊蛰的来临。

种田的人家还没有过几天悠闲的日子，春耕春种就随着惊蛰紧张起来。

年轻力壮的青年都到田地里耕种，妇儿们也忙着在家门口整理菜地。

回到家中常常是太阳落山以后，还要牵上牛犊到西边山沟里去饮水。

辛劳挨饿他们也从不叫苦，一场春雨就使他们满心欢喜。粮仓中早已没了隔夜的存粮，官府的派差却还无止无休。

目睹此种情形，我这个不事稼穑，却享受俸禄的碌碌无为者，心里充满了愧疚。

这世上有多少人"同情见不到阳光的瞎子，同情听不到大自然声响的聋子，同情不能用声音来表达自己思想的哑巴"，却"不愿意同情这种心灵上的瞎子，灵魂上的聋子和良心上的哑巴"。

所幸，诗人不是，他有一颗善良的灵魂。

春分 | 雨霁风光，春分天气

春分季节，人的感官注定会被缤纷的色彩所渲染：或来自稻田那舒爽的青绿，或来自桃树那娇羞的粉白，抑或是来自燕子的玄黑。没有这三种颜色，仿佛春天就不会翩跹而至。

"玄鸟春归，四时有秩"，万物以春为始，周而复始，春天成了大自然不变的巢穴，而巢穴的新人与故主，永远都是那给我们报来春讯的燕子。

春分有三候："一候元鸟至，二候雷乃发声，三候始电。"

俗话说："春分麦起身，肥水要紧跟。"一场春雨一场暖，春雨过后忙耕田。春季大忙季节就要开始了，春管、春耕、春种即将进入繁忙阶段，走在乡间的小路，菜花遍地，青山绿水，悠悠然如徜徉于世外桃源。

春分平分了昼夜寒暑，人体也应适时而变，在保健养生方面应注意保持人体的阴阳平衡状态。在选择膳食时禁忌避免走向偏热、偏寒、偏升、偏降的饮食误区。

春分

有地方讲究"春分吃春菜",有句顺口溜说："春汤灌脏，洗涤肝肠。阖家老少，平安健康。"所谓的春汤，就是春菜（一种野苋菜，又称"春碧蒿"）与鱼片的"滚汤"。此外，《黄帝内经》有言："食岁谷"，即吃时令蔬菜。这时，可以多吃春芽（植物萌生的嫩芽），而可食用的春芽种类繁多，香椿、豆芽、蒜苗、豆苗、莴苣等都是不错的选择。

春季阳气升发，"广步于庭，披发缓行"有助于气血畅通，衣物宜宽松而不宜紧束，头发也不宜紧束，以益于肝气疏达。

春季亦是花季。春分前后，气温回升，正是百花盛开之际，以花入馔是这个季节的别致体验，最具风雅的花馔大概是以花制作的各种花蜜、花露、花糖。

袁枚的《随园食单》里写过"董糖"，据说是董小宛定居在江苏如皋水绘园时创制的，她还创制出了"秋海棠露"，据说醇香无匹。

而作为象征春天翩跹而至的桃花，是这一季的"美娇娘"。将桃花留住，趁暮春未至，现代的糕点师以桃花为点缀，制成精致糕点"桃花慕斯"，让桃花化成味蕾记忆的永恒，莫等零落尘泥，空唱葬花吟。

· 春分节俗 ·

寒食节 | 冷食怀故人

说起清明，稍微老一辈的人也许认为这一节日带来的意象，或是纷纷细雨和祭扫青烟，或是清香糯糯的艾糍；而年轻人，则只关心这个节日拥有三天的法定假期。

其实，历史赋予清明的故事与意义，不应该被淡忘，尤其是寒食节。

冷食怀故人

相传寒食节习俗源于纪念春秋时晋国介之推。当时介之推与晋文公重耳流亡列国，割股肉供文公充饥。文公复国后，介之推不求利禄，与母归隐绵山。文公焚山以求之，介之推坚决不出山，抱树而死。文公葬其尸于绵山，修祠立庙，并下令于介之推焚死之日禁火寒食，以寄哀思，后相沿成俗。

文献中关于寒食习俗的记载，最早见于成书于两汉之际的《新论》。其中记载"太原郡民以隆冬不火食五日，虽有病缓急，犹不敢犯"。《后汉书·周举传》称"太原一郡……每冬中辄有一月寒食，莫敢烟爨"。

寒食的消逝

古代生产力低下，绝火一月致使"老少不堪，岁多死者"。从汉代至清朝，寒食节饮食文化也在不断演变，开始人们为禁火息烟只吃冷粥，结果深受其害。

随着历史的变迁、社会文明的发展，时至清代，全社会偏重寒食节吃热食已成为时尚。寒食也被更定为冬至之后的第一百零五天，加之清明节与之相近，因此在冷食禁火的习俗淡化后，寒食节便融合在清明节中了。

但寒食节"节日"的意义却不断得到强化，至唐宋则在整个社会中弥漫开来，认为寒食"在春最为佳节"，增添了踏青、郊游、曲水流觞等活动，"廊下徐厨分冷食，殿前香骑逐飞球"的诗句足以见证当日之狂欢。

苏轼与寒食帖

《寒食帖》是苏轼被贬黄州第三年寒食节，因景触情写出的两首诗：

自我来黄州，已过三寒食，年年欲惜春，春去不容惜。今年又苦雨，两月秋萧瑟。卧闻海棠花，泥污燕支雪。暗中偷负去，夜半真有力。何殊病少年，病起须已白。

春江欲入户，雨势来不已。小屋如渔舟，蒙蒙水云里。空庖煮寒菜，破灶烧湿苇。那知是寒食，但见乌衔纸。君门深九重，坟墓在万里。也拟哭途穷，死灰吹不起。

被贬到黄州三年的苏东坡借介之推之遭遇，感怀到自己因乌台诗案而孤独困苦、潦倒的际遇，因缘际会，写出了被誉为"天下第三行书"的《寒食帖》。

介之推和苏东坡在人生极寒时都面临着选择，介之推不能忍受同流合污而选择与天地同归，苏东坡则在"卧闻海棠花，泥污燕支雪"里两难。这种纠结，不仅流露在文字中，而且

整幅作品的书法境界都是诉说。与唐代的华美书法不同，宋代文人的书法显得更为自然苍劲，或许与国破山河在的大时代有着千丝万缕的联系罢。

时空变换，镜头穿梭，一本《寒食帖》写尽了命运的错讹。乾隆皇帝在看到这本手稿后，遂将其收入内府，题诗封印。在乾隆收藏的书画中，常见"宜子孙"的方印，似乎他早明白了千秋百代不如一笺书画。

· 春分三候 ·

元鸟至，雷乃发声，始电

《月令七十二候集解》："二月中，分者半也，此当九十日之半，故谓之分。秋同义。""分者，黄赤相交之点，太阳行至此，乃昼夜平分。"春分的意思，一是指一天时间白天黑夜平分，各为十二小时；二是古时以立春至立夏为春季，春分正处在春季三个月的中间，平分了春季。

春分三候为，一候元鸟至，二候雷乃发声，三候始电。
春分前后，燕子从南方飞来了，天空有打雷和闪电的现象发生。

燕子是中国最有代表性的候鸟，每年秋分前后，燕子飞往遥远的南方；每年春分前后，燕子飞到北方，在人家屋檐下生儿育女、安居乐业。

和其他鸟儿相比，燕子是最具人间情味的候鸟，也是最有中国味的鸟。

古时候称燕子为玄鸟。玄，不仅指灰黑无明的颜色、包纳一切，更指深奥莫测的状态，也是指天地混沌未开时的一体之气。老子说，"玄之又玄，众妙之门"。天道高玄，是人类的智慧所不能理解的，这种形而上的高深莫测，便叫"天玄"。

《易经》说："天玄而地黄。"炎黄文化中，土的颜色，人的肤色，农作物黍、稷都是黄色。

玄与黄，笼天地于形内，包纳万有，称燕子为"玄鸟"，可见其地位之崇高。

中国古代神话中，玄鸟是一种图腾。

三皇五帝中的少昊氏便以燕子为图腾。据说，"少昊挚之立也，凤鸟适至，故纪于鸟，为鸟师而鸟名。凤鸟氏，历正也；玄鸟氏，司分者也"。孔颖达疏："此鸟以春分来，秋分去，故以名官，使之主二分。"这便是"玄鸟司分"。

《诗经·商颂·玄鸟》曰："天命玄鸟，降而生商。"这便是"玄鸟生商"。相传，在远古的黄河之滨，一只"玄鸟"

唱着歌儿从空中飞来，带给人们无穷无尽的遐想——它是天
的使者，原始部落的人们一个个对它顶礼膜拜。一个叫简狄
的女人，吞服"玄鸟"下的蛋后，怀孕生下一个儿子叫契。
契，即是阏伯，就是传说中的商之始祖。

撇开燕子身上的神圣意味，燕子其实是最有人情味的鸟。
农耕文明，离不开天时。对普通老百姓来说，燕子每到春分
前后自南方返回，飞入寻常百姓家，软语呢哝，筑巢孵蛋，
轻俏的俊影穿梭于堂前檐下，给烟火人间更增添了一份温馨
美好。

燕子也是吉祥的象征。老百姓认为每年来家屋筑巢的都是去年的那一对，如果哪一年春天燕子没有回来，他们便认为家道有危机； 如果燕子来了不肯落脚，飞来又飞走了，他们便认为家里有不祥之气，或是做了什么缺德的事。他们期盼燕子的到来，就像盼望家人或朋友一样。

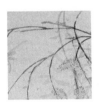  

· 春分诗词 ·

迟日江山丽，春风花草香

绝句

（唐）杜甫

迟日江山丽，春风花草香。

泥融飞燕子，沙暖睡鸳鸯。

一个人间的诗人，用一颗柔和真诚的心感受着融融的春意。这种春意来自于万物，渗透到他的心田；又从他的心田流了出来，笼罩着自然万物。

"迟日江山丽，春风花草香"，天地莫非生意。
"泥融飞燕子，沙暖睡鸳鸯"，万物莫不适性。
对景如斯，怎不感发人心之真乐？

更妙的是"泥融飞燕子，沙暖睡鸳鸯"这句。你怎会知道，这一"融"一"暖"的细腻感受，是诗人的还是燕子鸳鸯的？

此时他完全沉浸在春色春光之中，恐怕早已不知何者为我，何者为物了。

"以我观物，物皆著我之色彩。"诗人在春光的感召下，心变得格外柔软，所见莫不著我之色彩。

"以物观物，故不知何者为我，何者为物。"到了最后，诗人早已分辨不清物与我了，也毋需分辨。

一生忧生忧世的诗人，难得有这样忘我的沉醉。好春光，不如梦一场，梦里花草香。

残雪压枝犹有橘，冻雷惊笋欲抽芽

答丁元珍

（宋）欧阳修

春风疑不到天涯，二月山城未见花。

残雪压枝犹有橘，冻雷惊笋欲抽芽。

夜闻归雁生乡思，病入新年感物华。

曾是洛阳花下客，野芳虽晚不须嗟。

欧阳修做人做得太成功了，集政声与文名于一身，且俱登至境。

这样的人生，绝不只是偶然。他晚年自号六一居士，曰："吾集古录一千卷，藏书一万卷，有琴一张，有棋一局，而常置酒一壶，吾老于其间，是为六一。"其胸襟气度，自非一般寒陋之人可比。

这首写给友人丁元珍的回信，也可见他超然于流俗之上的旷达与自信。

因为贬谪在边远的山城，都已经二月了，还未见开花。你以为他会落入自怜情绪当中吗？不，他依然从失望当中看到了生机。你看，残雪压低了橘树的枝头，又怎能阻挡它依旧挂着果实？冷雷惊起地下的竹笋，不久就要抽出嫩芽来。只要希望仍在，没有什么可以阻挡美好的到来。

归雁的鸣叫勾起了客中游子的乡思之情，新年的到来触发了身在他乡的迟暮之叹。毕竟，年华如水流。但这种感伤

与困惑，只在一闪念之间，他迅即调整了自己的情绪，安慰自己也安慰着友人元珍说："曾是洛阳花下客，野芳虽晚不须嗟。"

你我曾经都是见过人生大场面、大风景的人，都曾在洛阳的名花丛中饱享过美丽的春光，山城的野花开得晚了点，算得了什么？不必失意叹息。这种豪气与自信，让人备感元气淋漓。

"大事难事看担当，逆境顺境看襟度。临喜临怒看涵养，群行群止看识见。"

得意而不忘形，失意而不失志。欧阳修给朋友、也给我们上了很好的一课。

明朝种树是春分

春日田家

（清）宋琬

野田黄雀自为群，山叟相过话旧闻。

夜半饭牛呼妇起，明朝种树是春分。

宋琬的这首诗，描写了春日田家的生活，充满了浓郁的农家气息。

田野里，一群群黄雀三五成群，各自觅食。村子里，一个老翁从屋角田边走过，向人谈起了过去的旧闻。谈什么并不重要，闲话油盐家常而已。乡下人的日子，就在这种充满生活气息的家常中不紧不慢地过，琐碎却也瓷实。

结束了一天的劳作，进入了安睡状态，却发生了一个小小的插曲。到了晚上喂牛时，老叟忽然想起，哦，明天就是春分了。得赶紧叫醒老伴，商量明朝种树的事情。

是啊，春分时节，日照渐长，气温回暖，是各种春种作物播种、种植的大忙季节，更是植树的极好时机。《文水县志》载："春分日，酿酒拌醋，移花接木。"

整首诗，像一组电影镜头，充满了生活情味。一个不经意的情景，老汉简单的生活片段，在诗人的笔下，就成了一幅淡淡的山村风情画。

清明

清明 | 梨花风起草青青，正好踏春出门去

"寒食春过半，花秾鸟复娇。从来禁火日，会接清明朝。"寒食过后即为清明。清明因其风，温风如酒，清香而明洁。清明风为巽，巽为绳直，故万物至此齐整清明。

清明寒食期间，古人称之为"在春最为佳节"，人们拜祖、踏青、郊游，曲水流觞，这一天喜忧参半，颇令人感怀万千。

《唐会要·寒食拜扫》中有这样的记录："开元二十年四月二十四日敕：寒食上墓，礼经无文，近世相传，浸以成俗。"如今意义上的清明节多吸取了寒食节的习俗内涵，主要是祭祖缅怀，体现了华夏子女那亘古永恒的家族情结。

清明分三候："清明之日，桐始华；又五日，田鼠化为鴽；又五日，虹始见。"清明之始，桐树首次开花，过五天，田鼠就好像小鸟般多了起来，又过五天，彩虹开始出现。

清明风物，仍以春物繁花为主。民间有"吃了松花饼，一年都有劲"的说法，《万花谷》记载道："春尽。采松花和白糖或蜜作饼，不惟香味清甘，自有所益于

清明

人。"面粉混入花粉的芳香气息而制成饼，自有一番风味。

在南方客家一带，有清明吃艾粿的风俗。踏青归来，顺手采摘一把艾草，与蒸熟的糯米舂成膏团，中间包入芝麻花生馅，再入锅蒸熟。入口的艾叶清香，如同沉醉在十里春风之间，让人久久不能忘怀。

俗谚曰："清明断雪，谷雨断霜。"清明时节，气候转暖，此时应多舒展筋骨，濡润五脏六腑，适当加大运动量，宜晨运、登山、踏青、郊游等。

清明过后雨水增多，气候潮湿，容易使人产生疲倦嗜睡的感觉。尤其要注意的是呼吸道传染病，这一时段晴雨多变，应及时增减衣物，少出入公共场所。

这一时节应多吃柔肝养肺之物，如有益肝和中之功效的芥菜、利五脏通血脉的菠菜、健脾补肺的山药等都是不错的食材选择。

中国人的习俗，几千年来都离不开氏族的根系之情。落叶归根，无论漂泊何方，清明期间都会再次踏上乡土，以酒慰藉已故的先祖，感怀消逝又寄托未来。也只有带着这一份特有的虔敬，才能不负春光。

· 清明节俗 ·

上巳节 | 抓住这一天的春光，一年都是好时光

"三月三日天气新，长安水边多丽人。"这是杜甫见过的春光。不过大诗人比较含蓄，只敢远观却不敢近触。比杜甫早一千年的人，可没有那么含蓄。

春秋时期，郑国。波光潋滟的溱水和洧水边，嫩得出汁的少男少女们脱去厚重的冬衣，换上轻便灵巧的春服，游玩踏青。年纪小的直接跳到河里游泳；年纪稍长的，在高地上吹吹风，仿佛满怀心事。

等他离开人群，独自一人回去的时候，碰上了正要去郊外的姑娘。两个陌生男女一碰面，姑娘首先说："去河边看看不？"

"我刚去过了。"男孩别过头，红着脸说。

"再去一次嘛。"女孩再次请求。

两个人相伴而行，共赴春光。回来的时候，男孩手里已经拿着一株芍药。那是女孩送的，男孩心里满是得意。

这就是《诗经·郑风·溱洧》描写过的上巳节。周代规定，上巳节这一天少男少女们可以合法约会，在其他时候，如果没有媒妁之言，男女见面是要被惩罚的。所以，易中天说，相比起七夕，上巳节才是中国的情人节。

在宋代以前，上巳节都被规定为法定节日，是先辈们寻欢作乐的重要日子。最著名的一次上巳节狂欢，是王羲之写下"千古第一行书"的兰亭宴会。在这场宴会上，四周是崇山峻岭，茂林修竹，魏晋群贤玩的是曲水流觞，弹琴赋诗。千古的魏晋风流，在这里集大成。

开心的时候，他们仰观宇宙之大，俯察品类之盛，而人寿命之长短，又只能听命于造化，让他们不得不感慨。也许这就是上巳节的意义：知道生命的短暂与无常，才更要抓住青春年岁，既纵情奋斗，又恣意玩乐。

上巳节的习俗，大概有这么几个：

祓禊。

殷周之际，人们认为暮春时节，阴气未尽、阳气未盛，人最容易得病。这时就应该在水边举行祭祀，老百姓用河水洗涤身体，防治疾病，祈求新的一年身体健康。

《兰亭集序》开头说"修禊事也"，就是这种活动。祓禊还有一种重要功能，就是求子。《汉书》记载，汉武帝即位多年无子，曾到灞上行祓禊之礼以求子嗣。而民间就以在河中探石喻指得子，或以浮枣代替。民俗中说"三月三，吃鸡蛋""三月三，砍枣尖"都是这种求子思想的反映。

曲水流觞。

在一段蜿蜒曲折的河流中，从上游放下一只轻质酒杯（觞），里面倒半杯酒，任其顺流而下，看到酒杯在谁那里停住了，那人就要把酒一饮而尽，然后赋诗一首，或者表演其他才艺。当然，这是高雅如王羲之等名流才玩得起的游戏了。

放风筝。

如果说曲水流觞只是文人墨客的消遣，那么放风筝堪称是雅俗共赏、老少咸宜了。

"正是人间三月三，风筝飞满天。"伴随着明媚的春光，风筝飞上天际，人们积聚了一个冬天的郁闷心情也随之消散。

吃荠菜。

上巳节有吃荠菜的传统。荠菜谐音"聚财"，是生长在田边的野菜，非常普遍，而且味道鲜美。人们将荠菜与鸡蛋、红枣等原料放到锅中，再配上几片生姜，熬煮成汤，可治头痛头昏，据说还可以祛风湿、预防春瘟。因此，民间有俗语"三月三，荠菜当灵丹""三月三，荠菜煮鸡蛋"这样的说法。

宋代以后，上巳节被取消了。大致是因为上巳节和寒食节、清明节时间很近，于是上巳踏青、寒食祭祖和清明扫墓渐渐融为一个节日，成为现在的清明节。

中国人虽然已经不过上巳节了，可是邻国日本却把三月三这一天过得越发红火。三月三是日本五大节之一——女儿节，直接来源就是中国的上巳节。一千多年以前，上巳节就已经流传到日本，被禊驱邪、曲水流觞，一样都没少。而且女孩子要身穿和服，打扮精致，像一朵朵桃花一样，因此这一天也叫"桃花节"。

我们印象中著名的日本"偶人坛"（在金字塔形木坛上，摆放着众多人偶），也是在这天摆出来的。难怪有学者发出感慨："一旦韩国的端午祭申报成功，下一个，恐怕就是日本申报三月三了。"

没错，历史源头在我们这里，如果别人想抢先注册也于理不合。但是，连我们自己都不过的节日，只是留着一段历史记录又有什么意义呢？

· 清明三候 ·

桐始华，田鼠化为鹌，虹始见

《月令七十二候集解》说："三月节……物至此时，皆以清
洁齐而清明矣。"清明，即草木青青、天气清澈明朗、万物
欣欣向荣之意。

从字面上看，丽水为清，丽日为晴，日月光明澄澈，照万物
欣欣。清明，清明，两个字念起来，口齿噙香。一股抑制不
住的春之气息至丹田、肺腑、四肢百骸，让人有种轻舞飞扬
的感觉。

清明最宜踏青，天地以其清其明拥人入怀，此时不去，更待
何时？

宋吴惟信："梨花风起正清明，游子寻春半出城。日暮笙歌
收拾去，万株杨柳属流莺。"半城的人，于梨花风起的清明

时节倾巢而出，放眼远望，梨花似雪，杨柳青青，三五成群的人在笙歌飞扬中尽兴游玩，直至日暮时分，方乘着阑珊的意兴归家。

还记得宋代著名的风俗画《清明上河图》吗？汴河沿岸，男女云集，车马往来，河中千帆齐聚，挨挨挤挤。好一副热闹的清明风俗画！

清明节气的三候是，桐始华，田鼠化为鹌，虹始见。

第一个五天里，可以看到桐树开花。

第二个五天里，田鼠因为阳气渐盛而躲回洞穴，喜欢阳气的鹌鹑却开始出来活动了。一躲藏，一出现，清明时节，阳气渐盛而阴气潜藏的更替变化，在小动物的身上体现了出来。

第三个五天里，会出现彩虹。彩虹为阴阳交会之气，云薄漏日或日穿雨影，才能看见彩虹，足见清明时节阴阳交替之盛行。

一候桐始华。桐树在中国文化中也有独特的文化意义。

"凤凰鸣矣，于彼高岗。梧桐生矣，于彼朝阳。"《诗经》中以凤凰和梧桐起兴，唯梧桐树才能引来金凤凰，二者都是吉祥而尊贵的象征。

庄子笔下象征至圣人格的鹓雏鸟："发于南海，而飞于北海，非梧桐不止，非练实不食，非醴泉不饮。"梧桐的高洁，象征至圣人格的高洁。

中国古代最著名的琴，号"焦尾"琴，其材质正是梧桐。

三候虹始见。彩虹本是阴阳交会之气，一般是雨气被太阳反照而成。但在古人心目中，彩虹的出现，意味着婚姻错乱。朱熹《诗集传》："虹也，日与雨交，倏然成，质似有血气之类，乃阴阳之气不当交而生者，盖天地之淫气也。"《诗经·蝃蝀》以彩虹起兴，刺女子淫奔，便是典型。

  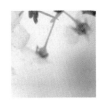

· 清明诗词 ·

清明时节雨纷纷

清明

（唐）杜牧

清明时节雨纷纷，路上行人欲断魂。

借问酒家何处有？牧童遥指杏花村。

提到清明，谁也绕不开这首诗。

清明时节有什么？

有纷纷的雨。雨丝细密如织，纷纷扰扰，如雨中人的思绪。

有欲断魂的行人。清明节，在古时是个大节日，这天或家人团聚，或游玩观赏，或上坟扫墓，祭奠先人。若赶上孤身行路，触景伤怀，很容易惹动人的心事，让人"断魂"。

往哪里找个小酒店才好。一来歇歇脚，避避雨；二来小饮几杯，解解料峭的春寒，暖暖被雨淋湿的衣服；最要紧的是，借此散散心头的愁绪。孤身行旅的他，并不知道酒家哪里才有。一个牧童骑牛而过，他便向牧童问起了路。

小牧童什么也没有说，却用手指着那远远的地方——杏花村。这杏花村，是一片开满杏花的村子，还是隐约在红杏枝头挑出的一个酒帘子，上面写着"杏花村"？我们不得而知。诗歌到此戛然而止，留下一个让人充满无尽想象的开放空间。

《红楼梦》里宝玉为稻香村题匾额时，给出的四个字便是"杏帘在望"，想必是从这首诗里化来的。将诗中的"遥指"和宝玉的"在望"合起来看，更是妙绝，一指一望，仿佛两两有情，隔着时空遥相呼应。

短短四句，起承转合，严丝合缝，精妙得不露痕迹，俨然一块完整的水晶，又留下无尽的余味。遥想彼时彼刻的杜牧，是经历了怎样的一场遇合，才写下了这样一首让清明变成永恒的诗作呢？

时序给了诗人以灵感和契机，诗人给了时序以灵魂和生命。这便是成全。

梨花风起正清明

苏堤清明即事

（宋）吴惟信

梨花风起正清明，游子寻春半出城。

日暮笙歌收拾去，万株杨柳属流莺。

清明在古人那里，宜祭奠，以表达哀思；也宜郊游，以尽春兴。这首清明即事，写的便是后者。

前两句写西湖的春景和游春的热闹场面。梨花似雪，片片飞舞在风中，似乎在给寻春的游子们助兴。游子经历了什么，看到了什么，赏玩了什么，统统隐去。只一句"日暮笙歌收拾去"，点明了他们是痛痛快快地玩了一整天，直到日暮时分才兴尽而返。

游人去而禽鸟乐。白天游人的喧嚣惊飞了流莺，日暮游人的离去，万株杨柳，无边春景，又成了流莺的专属。怎不让它们欣喜？

有情的人快乐，无情的鸟快乐。
"梨花风起正清明"的日子里，世间一切生灵，都追逐着春光，尽情尽兴。

少年分日作遨游

寒食城东即事

（唐）王维

清溪一道穿桃李，演漾绿蒲涵白芷。

溪上人家凡几家，落花半落东流水。

蹴踘屡过飞鸟上，秋千竞出垂杨里。

少年分日作遨游，不用清明兼上巳。

这是王维早期的作品，写得很艳，与晚年唯好静的王维比起来，判若两人。

清明节前一两日，称寒食节，又叫禁烟节、冷节，本来是为了纪念介之推。后来，此节日在发展过程中逐渐增加了祭扫、踏青、插柳、打秋千、蹴鞠等风俗。王维的这首《寒食城东即事》写下了这一切。

一道清澈的溪流，缓缓穿过桃李花丛，溪水边荡漾着水草和被水滋润的白芷，安逸而柔静。溪流边零零散散点缀着几户人家，东逝的流水上飘落着片片桃花李花。如诗如画，安静柔美。

高空里时时有球飞到了鸟儿上方，垂杨里时时隐现着荡着秋千的少女身影。这两句打破了前面静美的画面，充满了青春的活力和动感。

也许是受到青春力量的感染，诗人由衷感慨：青春年少的人，应该每天开心玩乐，无忧无虑，不用等到清明和上巳两个节日才出来游玩！

世上没有永恒不变的事物。欢笑不长久，欲望不长久，生命本身，也总会走到尽头。所以，人生在世，最要紧的就是及时行乐，活在当下，把已经拥有的紧紧抓住。

春城无处不飞花

寒食

（唐）韩翃

春城无处不飞花，寒食东风御柳斜。

日暮汉宫传蜡烛，轻烟散入五侯家。

这首诗写得很妙，它的核心是在写一个无形无影的春之使者——东风。

春城无处不飞花，一个双重否定便将全城已笼罩在浓郁春意中的盛况写尽了。"飞"，既有强烈的动感，又蕴含着春天的勃勃生机，是直接在写东风。

东风吹入御苑中，苑中的柳便随风摆动。"斜"，将风有形化，也写活了杨柳依依的情态。

接下来的两句，点出了寒食节，同样在写风。

寒食日天下一律禁火，只有皇宫及宫中重臣"五侯"才可以破例燃烛，能得到皇帝赐烛自然是一种极大的荣耀。所以"日暮汉宫传蜡烛，轻烟散入五侯家"，饱含了世人多少歆羡在其中。"轻烟散入五侯家"，那也是柔和的东风的功劳。

到清明这天，皇帝宣旨取榆柳之火赏赐近臣，以示皇恩。其用意：一是标志着寒食节已结束，可以用火了；二是藉此提醒臣子官吏们，要向有功也不受禄的介之推学习，勤政为民。

浩荡的皇恩只能随东风散入"五侯"之家，自然的东风却恩泽世间万物。在这样一个"春城无处不飞花"的季节里，有什么缘由不好好享受？

谷雨 | 今天，让我们一起来告别这个春天

谷雨，春季的最后一个节气，意味着寒潮天气的告别，气温回升加快的伊始。

对于忙碌的老农来说，谷雨将至，是天公作美。关于谷雨节气名称的由来，古人素有"雨生百谷"的说法，另一说法则是玉帝为犒赏仓颉造字而从天降下谷粒，为了感恩上天，这天百姓载歌载舞，庆祝五谷丰登。

"植百谷以养世人"是我们赋予粮食的最高理想。茶余饭饱后邂逅一场春雨，再赏几处花草闲情，似乎能听见陶公那"归去来兮！田园将芜胡不归"的田园呼唤。

中国人素来喜爱山居野趣，关于大自然的种种，似乎都能从不同物种的联系中寻出奥妙的轨迹：

谷雨分三候："第一候萍始生，第二候鸣鸠拂其羽，第三候为戴胜降于桑。"谷雨后雨量增多，河湖的浮萍开始生长，接着布谷鸟的鸣叫似是提醒人们该播种了，最后是降落在桑树上觅食的戴胜鸟频频出现。

刘禹锡说："唯有牡丹真国色，花开时节动京城。"赏牡丹

谷雨

成了谷雨的重头习俗。谷雨是牡丹花开的重要时段，因此牡丹花也被称为"谷雨花"。"谷雨三朝看牡丹"，闲暇之时把牡丹花赏，感受极致愉悦的一刻。

在台湾，谷雨是年中的收获季，喜欢给生活做些许点缀的艺术家，素来有着插花的习俗。其中，所选取的花材多可食用，像茴香、麦穗、栀子，同插入一个精致花盆中，以衬托娇滴牡丹为主，一篮精致芬芳的迷你花丛便完成了。

而在山东、山西、陕西一带，则有杀五毒的习俗。谷雨以后气温升高，病虫害进入高繁衍期，为了减轻虫害对作物及人的伤害，农家一边进田灭虫，一边张贴谷雨贴，进行驱凶纳吉的祈祷。

北方谷雨时节则有食香椿习俗，香椿醇香爽口营养价值高，有"雨前香椿嫩如丝"之说，多食香椿，能很好地提高人体免疫力。

南方则是喝谷雨茶清肝明目，加以调养肝气去"春火"。适当吃些辛温升散的食品，如葱、香菜等，都能有效地去"春火"。

谷雨之后便要开始告别这一年的春天了，那即将迎来的夏天，定会是一场别致的体验。生活便要如此，总是对未来的美好充满着期待。

浴佛节 | 如果不能洗净自己的心，
　　　　即使洗尽千佛也枉然

佛陀释迦牟尼的出世，无论对于出家人还是在家人，都是一桩大事。《过去现在因果经》里记载：迦毗罗卫国净饭王的妻子——摩耶夫人，在怀胎十月、游蓝毗尼花园的时候，看到花色香鲜、枝繁叶茂的无忧树，举起右手想要摘几朵花。

这时佛陀从母亲的右胁降生，无忧树下立即长出大如车轮的莲花，将佛陀接住。刚出生的孩子，无需扶持，自行七步，举出右手，作狮子吼："我于一切天人之中，最尊最胜。无量生死，于今尽矣。此生利益一切人天。"

这一句话，就是佛陀一生"自觉觉他，觉行圆满"的最佳注脚。此言一出，诸天王顶礼膜拜，龙王吐水洗太子身，漫天花雨缤纷乱坠，不可胜数。按照中国农历，佛陀出生的这一天是四月八日，后世为了纪念这一重大日子，就把这一天定为浴佛节。

纪念佛陀诞辰，在东汉佛教传入中国时已经开始，当时仅限在寺院中进行，到魏晋南北朝时传至民间，兴盛于唐宋，至今不绝。浴佛节这一天最重要的仪轨，当然是浴佛。

在《佛说浴佛功德经》里，详细记述了浴佛的过程："若浴像时，应以牛头栴檀、白檀、紫檀、沉水，熏陆、郁金香、龙脑香、零陵、藿香等，于净石上磨作香泥，用为香水，置净器中。于清净处，以好土作坛，或方或圆，随时大小，上置浴床，中安佛像，灌以香汤，净洁洗沐，重浇清水。"

佛即众生，众生即佛。浴佛，其实也是喻指洗净自己的身心，担当起为人为己、自觉觉他的大丈夫事业。专注认真、深有慧根的人，可以在简单的动作中，体会到本心明净的自在。

斋会

进了寺庙、礼佛浴佛完毕，当然要好好吃一顿斋菜。

寺庙会为想吃斋菜的信众准备面条、蔬菜和酒等，还会用乌

菜水泡米，煮出一锅乌米饭。大众既能饱肚，也得法喜，可谓功德圆满。

舍豆结缘

《燕京岁时记》记载：四月八日佛诞这一天，京城中乐善好施的人，预先准备好青豆和黄豆数升，边念佛号边拈豆。拈完以后，将豆煮熟，布施给过路人，称之为舍缘豆，青豆和黄豆都是圆的，"圆"与"缘"谐音，寓意着"预结来世缘"。

浴佛不一定要在四月八日这一天。真有心的人，天天在家里供佛浴佛也可以。就像弘忍大师的弟子神秀所说："时时勤拂拭，勿使惹尘埃。"仪式都是用来表法的，要紧的是我们时时记得将心里的颠倒妄想擦去、自净其意，这才是浴佛根本的意义所在。

如何自净其意？对于普通人来说，诸恶莫作、众善奉行就好。

· 谷雨三候 ·

萍始生，鸣鸠拂其羽，戴胜降于桑

《月令七十二候集解》："三月中，自雨水后，土膏脉动，今又雨其谷于水也。雨读去声，如雨我公田之雨。盖谷以此时播种，自上而下也。"谷雨，这个节气紧扣着农事而来。"雨生百谷"，意思是在这个多雨的季节，快快播种谷子吧。

这是春季最后一个节气，它意味着寒潮天气基本结束，春天即将退场，夏天的序幕已徐徐开启。

谷雨三候是，一候萍始生，二候鸣鸠拂其羽，三候戴胜降于桑。谷雨前后，降雨增多，萍是依水而生的，一候萍始生，准确地把握了谷雨的时令特色。

第二个五天里，人们可以看见布谷鸟出来梳理它的羽毛。布谷鸟在春天梳理羽毛，有求偶之意。

第三个五天里，戴胜鸟降落在桑树上，提醒人们蚕宝宝将要出生了。

每个节气的物候选定都不是偶然的，都包含着中国人对人生的兴寄。

浮萍也如是。浮萍，因为无根无凭，寄寓着人生无定的漂泊无常感。

"关山难越，谁悲失路之人；萍水相逢，尽是他乡之客"，这是王勃在《滕王阁序》中发出的喟叹。

"山河破碎风飘絮，身世浮沉雨打萍"，这是文天祥的失路之悲。

生命像浮萍一样脆弱而又短暂的纳兰性德，更是钟爱浮萍，在他的词中一再吟叹。作为一个惆怅的人间过客，他对"浮萍漂泊本无根"体会得比谁都真切。

鸤，有人认为它是布谷鸟。民间认为布谷鸟的叫声，就像在说"快快布谷，快快布谷"，或是"阿公阿婆，割麦插禾""阿公阿婆，栽秧插禾"，无论什么，总像是在殷勤劝耕。

也有人认为布谷鸟是杜鹃，或子规、杜宇、催归。据传，古蜀国有一位国王叫望帝，死后化为子规，每到春天就啼叫不停，仿佛在催促在外的游人归去，直至把嘴巴叫出血来，洒在山坡上，变成了红艳的杜鹃花。

在古代诗词中，子规寄寓着凄切、哀伤。如"庄生晓梦迷蝴蝶，望帝春心托杜鹃""可堪孤馆闭春寒，杜鹃声里斜阳暮"。

桑，古人在营建一座邦邑之前，必先建社，社中会种植古人心目中崇拜的太阳树——扶桑。因扶桑是一种神木，他们便改种普通的桑木来替代。桑林也就成了社林、社木了。

如是中国古代文明中，桑便成了家园的代称。

 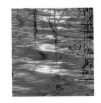 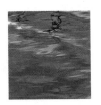

春潮带雨晚来急

滁州西涧

（唐）韦应物

独怜幽草涧边生，上有黄鹂深树鸣。

春潮带雨晚来急，野渡无人舟自横。

谷雨时期的一场雨，淋湿了诗人的思绪。

这首诗是写自甘幽独的恬淡还是写不甘寂寞的忧伤，让人难以揣测。

也许正因为它的复义性，让它成了韦应物最广为人知的一首诗。

世间万物，诗人独独喜欢清幽。喜欢生长在深山涧边的幽草，涧边还有一只黄鹂在树荫深处啼鸣。一"幽"一"深"，诗人到底是欣赏他们自甘寂寞的高标，还是感慨他们不为人知的幽独？

傍晚时分，春潮上涨，春雨淅沥，水势顿时湍急。郊野的渡口，荒凉冷寂，难觅人踪，只有一叶孤舟在潮水中兀自纵横。春潮带雨，来势汹汹；野渡无人，愈显荒凉。孤舟自横，是自爱自怜、不得其用的忧伤，还是悠闲自得、胸襟恬淡的高蹈？留给后人去猜想吧。

无情最是台城柳

台城

（唐）韦庄

江雨霏霏江草齐，六朝如梦鸟空啼。

无情最是台城柳，依旧烟笼十里堤。

这是一首凭吊六朝古迹的诗。

中唐时期，昔日繁华的台城早已是"万户千门成野草"；到了唐末，这里就更荒废不堪了。诗人触景生情，写下了

这首《台城》。有细雨，有烟柳，我们姑且认为它写于谷雨时期。

江南的雨，密而且细。烟雨凄迷，如烟如雾，笼罩着曾经风流一时的六朝胜迹。

六朝的繁华旧梦在霏霏雨丝中，似真似幻，让人怅然若失。

霏霏江雨、如茵碧草之间隐藏着一座已经荒凉破败的台城。

鸟空啼，草自绿，曾在台城盛极一时的六朝统治者早已成为历史上的匆匆过客，豪华的台城也只是供人凭吊的历史遗迹。从东吴到陈，三百年间，六个王朝，走马灯似的幻灭，怎不让人生出"六朝如梦"之感慨！

杨柳，曾经见证也点缀了六朝繁华的台城柳，"依旧烟笼十里堤"。它哪里知道往日的台城如今是"万户千门成野草"。终古如斯的长堤烟柳和转瞬即逝的六朝繁华的鲜明对比，让人不胜今昔！

有情的血肉，敌不过无情的江山，无情的杨柳。历史原本是写在风上，写在沙里，写在水上的。
我们都活不过一株植物。

谷雨看花局一新

吴歌

（清）蔡云

神祠别馆聚游人，谷雨看花局一新。

不信相逢无国色，锦棚只护玉楼春。

谷雨是春天最后一个节气，此时花事将近，已呈美人迟暮之象，唯牡丹正值谷雨时节盛开，所以人们又称牡丹为"谷雨花"，并由此衍生出谷雨赏牡丹的习俗。

"谷雨三朝看牡丹"，谷雨时节赏牡丹的习俗已绵延千年。古时习俗，凡有花之处，皆有仕女游观，也有在夜间垂幕悬灯，宴饮赏花的，号曰"花会"。

"神祠别馆聚游人，谷雨看花局一新"，描写的正是牡丹花会、游人如织的热闹情形。这一热闹打破了人们日常生活的节奏，给人一种新鲜的气象和格局。

"不信相逢无国色，锦棚只护玉楼春"，是一个特写。在众多国色天香的牡丹中，最娇贵的是玉楼春这个品种，它由专属的锦棚呵护着。而在诗人眼中，所见无不是美，无不是国色，并无半点偏私。

谷雨赏牡丹的习俗，在今天或许已渐渐为人淡忘，即使有，也没有了往日那种隆重的兴味。这首诗，为我们留下了旧日习俗的一个剪影。想想古人也曾与我们一样陶醉在赏花盛会中，心中充满了神往。

夏

立夏 ｜留不住春天，就不要辜负了夏天

古人云：盂夏之日，天地始交，万物并秀。

立夏风物之多，哪一样不牵动人们的回忆？井水镇西瓜、院里捕蝉、傍晚大树底下挥着蒲扇乘凉话家常……但很多年以后，我们不再喝井水，旧时的庭院也改建成了洋楼，院门前大榕树下的木板凳也朽了。唯一不变的，也许只有那初夏傍晚动荡的热风、夜晚静谧的弯月，以及那份每个人都不曾抹去的初夏回忆。

初夏的颜色是什么？

苏州有"立夏见三新"之谚。"三新"为樱桃、青梅、新麦，红、青、翠三种纯果色交相辉映，组成初夏最别致的感官体验。

樱桃的红。农历四月，是吃樱桃的好时节，圆实的红肉，引得文人王国维也想学莺雏"飞来衔得樱桃去"。

梅子的青。女词人李清照写道："和羞走，倚门回首，却把青梅嗅。"回想起青涩时期，总会想到那些不曾开口的话语。

新麦的翠。晋南地区，有着"尝新麦"的习俗：取青麦穗煮熟，去芒

立夏

谷，磨成条，成为"捻转"。绿为生机之色，意味着一岁五谷新味之始，万象更新。

这个初夏，我们可以做点什么？

"明月松间照，清泉石上流"，唐朝诗人王维的诗，是"诗中有画，画中有诗"。在躁动的夏天，何不去寻一处静谧的诗画境界呢？

夏日幽赏，以其独特幽美意境而历来备受文人墨客追捧。何为幽赏？

苏堤看新绿。堤上青柳成绦，碧波湖风，绿侵衣袂；

三生石谈月。携三两知己，悠坐于三生石畔，或赏月谈心、或谈禅说偈；

山晚听轻雷断雨。于深山古刹冒雨漫步，伴着轻雷洗耳，觉然间，晚钟声过，兀坐人闲。

在诗人的眼里，初夏细腻之极。南宋诗人杨万里在《小池》写道："小荷才露尖尖角，早有蜻蜓立上头。"一池树阴，几支荷，一只蜻蜓停在荷尖，万物之生趣，精致而又和谐。

这不禁让人想起某年的初夏，月光正好，荷塘的夜色伴有蛙声、伴有池鱼戏水，还有一群高谈理想、谈远方，或是沉默不语、静静呆望着皎月的人。

· 立夏三候 ·

蝼蝈鸣，蚯蚓出，王瓜生

什么叫立夏？关键在"夏"字。

"斗指东南，维为立夏，万物至此皆长大，故名立夏也。"原来，夏即大。经过一春的积累，万物到此时仿佛在昭告天下，他们都长大了。

花事已过，累累果实趴在繁密的枝叶间，拼命地长大着。

春天是生的季节，夏天则是长的季节，果然如此。

《说文》："夏，中国之人也。"中国之人，指生活于中原地区的人，对应于四夷。夏，此时从一个表示时间的物候之词，已慢慢演变成了中国之人，接着又成为国家、文化的名称。"中国有礼仪之大，故称夏；有服章之美，谓之华。"华夏并用，表明中国既大且美，我们便是华夏的子孙。

立夏三候是，一候蝼蝈鸣，二候蚯蚓出，三候王瓜生。

第一个五天里，便可听见蝼蝈在田间鸣叫。

第二个五天里，便可看见蚯蚓从地里钻出来，开始掘土。这说明地下的温度持续攀升，蚯蚓从底爬到地面。

第三个五天里，王瓜的藤蔓开始迅速攀爬生长并成熟。

立夏三种物候，在中国文化的传承中，并没有留下深远的文化印记。感觉就是先民在农事日常中经常碰到或看见的几种动植物。前两者是田间动物，后者是日常菜蔬，有朴实的泥土气息。这也正应了二十四节气最早是顺应农时农事而定的。

· 立夏诗词 ·

赤帜插城扉，东君整驾归

立夏

（宋）陆游

赤帜插城扉，东君整驾归。

泥新巢燕闹，花尽蜜蜂稀。

槐柳阴初密，帘栊暑尚微。

日斜汤沐罢，熟练试单衣。

古代诗人中，对节气最为敏感的当属陆游。他存诗多，诗中写到节气的也多。

时序变迁，四季轮回，在他的诗中几乎可以找到完整的痕迹，这是一个怎样富于生活热情的诗人啊。

这首诗从习俗、风物、生活各个方面告诉你：夏天来了。

　　"赤帜插城扉，东君整驾归"说的是习俗。

　　春是东方。东君是司春之神，东君整驾归去，意味着春已去，夏要登场了。

　　夏是南方。《礼记·月令》："（孟夏之月）立夏之日，天子亲帅三公、九卿、大夫，以迎夏于南郊。"立夏在古人心中，是个重要的节日，这天天子率三公九卿在南郊祭祀。他们"穿赤衣，佩赤玉，乘赤车，驾赤龙，插赤旗"，迎接夏天的到来。

夏，在古人心目中是赤色的。

中间两联诗人以自然风物的新变，展示出立夏的时令特色。

燕子在热热闹闹地筑新巢，勤劳的蜜蜂却因花事将尽而变得稀少。

槐树和柳树筛下的树荫渐渐繁密了，轻启竹帘和窗牖，以散发微微的暑气。

节令的变化自然会反映在日常生活中，衣、食、住、行，皆有所不同，这点最后一联写进去了。

日暮时分，沐浴完毕，该清点清点衣物，夹衣要收进去，单衣该拿出来了。

整首诗，琐碎中却不乏生活的热情，体物入微，令人感佩。

残红一片无寻处，分付年华与蜜房

立夏前二日作

（宋）陆游

晨起披衣出草堂，轩窗已自喜微凉。

余春只有二三日，烂醉恨无千百场。

芳草自随征路远，游丝不及客愁长。

残红一片无寻处，分付年华与蜜房。

这首诗写于立夏前二日。

春将尽，夏将至，三春好景，繁华一梦。诗人在惊叹时序的针脚织得如此细密让人不觉之际，带着深深的遗憾，唱了一曲春之挽歌。

也有对蹉跎岁月的惋惜与惆怅，只是这种惆怅是淡淡的，轻轻的。

清晨，他披衣而起，轩窗吹来一阵清风，微凉。诗人的思绪，也在这微凉中飘飞。

时间过得太快了呀，转瞬之间，春天只剩下一个小尾巴。真是悔恨，为什么辜负了好春光，本该在春日尽情尽性，对醉当歌，烂醉千百场，又何妨？

拥有时不知道珍惜，失去了方知道可贵。千古以来，人同此心，心同此理。

伤春的情绪还没有结束。

芳草有情，跟随着我漂泊无定的征程一路蔓延。游丝飘飞，哪比得上我客住异乡的寂寞悠长？

罢了吧，罢了。抬望眼，残红一片无寻处，年华带走了它们的芳华，蜜蜂吸取了它们的芳香。该离场的，终归要离场，谁也留不住。

还是整理好心情，迎接夏天的登场吧。

如果错过了太阳时你流泪了，那么你也要错过群星了。

小荷才露尖尖角，早有蜻蜓立上头

小池

（宋）杨万里

泉眼无声惜细流，树阴照水爱晴柔。

小荷才露尖尖角，早有蜻蜓立上头。

杨万里独创了"诚斋体"，这首诗是他的代表作之一。

在中国古代诗歌史上，继"西昆体"之后，以诗人名字命名的唯一一个诗体就是"诚斋体"。

"诚斋体"的特征在于，用善于发现美的眼睛捕捉自然或生活当中的小片断、小情趣、小事件，再以浅近通俗的语言表达出来，呈现出尖、巧、轻、新的审美风貌。

这首诗亦不例外，它小巧精致，玲珑活泼，生机盎然。
如果没有一颗完全浸润于生活当中的诗心，怎会捕捉到这样美好的片断？所谓诗意地栖居在大地上，不是一种口号，更不是一种姿态，而是一种俯伏在大地上，聆听自然声音的虔诚信仰。

它是如何精致，如何富有生机情趣的？且看这首诗。

一股涓涓泉水从洞口细细流出，没有一丝声响，这当然是小之又小的。凭空再加一个"惜"字，意思是泉眼很爱惜这股细流，吝啬得舍不得多流一点儿。饶有情趣。

树荫在晴朗柔和的风光里，轻轻地遮住水面，这很平常。诗人再加一"爱"字，将无情之物有情化，充满机趣。婆娑弄影的柔枝，涟滟的水光，两两有情。

诗人的镜头还在聚焦。对准了池中一株小荷，以及小荷上面的一只小蜻蜓。小荷刚刚将含苞待放的嫩尖露出水面，这尖尖嫩叶上却早有一只小小蜻蜓捷足先登了，领略春光。"才露"和"早有"蕴含着诗人多少的新奇莫名！

动感的画面，明亮的色彩，诗情与画意，都是满满的！

我们最重要的不是去计较真与伪、得与失、名与利、贵与贱、富与贫，而是如何好好地快乐度日，并从中发现生活的诗意。

杨万里已经给现代人示范了。

小满

小满 | 人生最好的状态是小满

有人说，满足的状态是刚刚好，幸福的状态是比刚刚好再多一点。

《月令七十二候集解》："四月中，小满者，物致于此小得盈满。"不满，则空留遗憾；过满，则招致损失；小满，才是最幸福的状态。

此时的大千世界里，万物生机盎然，又从容不迫：麦粒饱满水稻插，蚕结新茧桑葚熟，菜籽春油苦菜秀。小满，期待一场如约而至的雨水，谷物生发，顺遂天时。

其实，夏天的这个时候，是最幸福的。

初夏，我们最怀念什么？

古人将四月前后的天气称为"麦天"，在北方的苍茫大地里，四处都氤氲着麦子的将熟之气。"晴日暖风生麦气，绿阴幽草胜花时"，这股悠长的麦香，那片金黄的麦浪，古朴而又深沉，积淀了无数祖辈父辈的汗水。

而在南方的小满时节，雨水渐多，田水渐满。五代后梁时期的和尚有《插秧歌》说："手把青秧插满田，低头便见水中天。"佛家之言，饱含禅意，又勾起了许多南方人家游水玩闹的兴致。

犹记得小时候，每到农历四月中的傍晚，河里便会聚集一群光着腚的顽童戏水打闹，敞着膀子唱咏而归，只剩那黝黑的皮肤与河面的波粼在残存的夕阳余晖里发出闪闪的金光。

那时候，网络未兴起，手机还不可触屏，彩电也只是刚刚普及，但人们的生活却是充实、幸福的。如今，河水不再清澈纯净，儿时的伙伴也各奔东西，一台空调、一部手机便能满足一个夏天。

其实，我们怀念的，正是过去那些遗失的美好，那些曾经陪伴我们父辈长大的民俗活动。
在古代，小满的民俗为人所知的有三种：

祭车神。一个古老的小满民俗，亦有"祭三神"的说法，"三神"包括水车神、牛车神、纺车神。这三车与人们的生活息息相关，人们将丰盛的祭品献与三神，希望接下来的日子风调雨顺、生活美好。其中，最重要的是祭祀"水车神"仪式。

水车神，为白龙。祭祀时，人们在水车上摆放鱼肉、香烛等祭品。其中会有一杯白水，祭拜时将白水泼入田中，预祝风调雨顺、水源充足，这是古代劳动人民对水利灌溉的美好期盼。

祭蚕。古代传说中，小满为蚕的生日。江南一带，养蚕极为兴盛，为祈求养蚕能有一个好收成，人们在每年四月放蚕之时，举行虔诚的祭蚕仪式，时间并不固定，以小满为最盛。这一天，养蚕人家会准备好水果、美酒、鱼肉等丰盛的祭品到"蚕娘庙"上供，虔诚跪拜，祈求蚕茧丰收。

在祭品中，最有特色的当属"蚕面"，高巍说："这时人们会以米粉或面粉为原料，制成形似蚕茧的小吃食一起享用，期盼蚕茧能够丰收。"

捻捻转。捻捻转，是"年年赚"的谐音，是小满前后的一道时令美食，此时田里的麦子完成了吐穗、扬花、受粉等生长环节，正值灌浆，麦粒日趋饱满，而此时的大麦最适合做捻捻转了。

捻捻转的制作过程，分为四步：首先把麦粒饱满又略带柔软的麦穗割下来，然后搓掉麦皮，将麦粒分离出来，再将分离出来的麦粒炒熟，最后将麦粒放入石磨中磨制，而石磨中的磨齿便会出来缕缕长约寸许的面条。一道美味就这样完成了，再拌以黄瓜丝、蒜末、酱油等作料，风味可口，百吃不厌。

遍野苦菜秀

"春风吹，苦菜长，荒滩野地是粮仓。"如果说一首童谣可以把我们带到回忆里，那么一种味道，就能让我们在回忆里感怀。食苦菜为小满习俗，同时苦菜作为中国人最早食用的野菜之一，它的味道是充满历史厚重感的。

《周书》有云："小满之日苦菜秀。"遍布全国的苦菜，成了这个季节必吃的蔬菜。《本草纲目》说："（苦菜）久服，安心益气，轻身、耐老。"撇去它的营养价值之高不说，更为重要的是，它用以比喻人生之艰，忆苦思甜。

如今，吃进嘴里的苦菜已是调味好的，清凉爽口，不再是往昔的苦涩滋味，于是苦日子便也在咀嚼中分明却又不那么分明了。

人生最佳的状态是小满

我们常叹古人智慧之精，如小满一词，虽为节气，但用于比喻人生，亦极巧妙。

古人云："君子宁居无不居有，宁处缺不处完。"人若自满，便难有进步；若不满，也许是因为人的欲望过大。

《菜根谭》道："花看半开，酒饮微醉，此中大有佳趣。若至烂漫酕醄，便成恶境矣。履盈满者，宜思之。"水满则溢，月盈则亏。这是自然之道，亦是人生至道。

趁此大好初夏、小满时节，检视自身，以达小满，方不悔走这一遭快意人生。

· 小满节俗 ·

端午 | 请在这仲夏和风的日子里，追求美好

如果说整个春季的主角是青山绿野，那么夏季的主角便非江河莫属了。

此去经年，我们每一个漂流在远方的游子，心里头惦记的，依旧是那条故乡的江河，那里有太多带不走、磨不去的回忆。

值得庆幸的是，老祖宗给我们留下了端午节这样一个特殊的日子，它赋予了江河更多的意义：屈原的清高、伍子胥的忠智、曹娥的至孝以及寓意深厚的民俗风物。

这样，无论我们身处何方，也总有一样共有的载体可以慰藉我们的思念。

端午风物

农历五月，正是万物昌盛的好时节：葵榴斗艳，栀艾争香，
仲夏和风，百舸争流。

而古人认为，端午这日，暑气上升，蝎子、蛇、壁虎、蜈蚣、
蟾蜍五毒齐出，邪气丛生。在江南地区，则盛行喝雄黄酒，
为的是消毒防病，虫豸不叮。亦常有百姓家门挂上艾叶菖蒲，
或是挂上天师钟馗的画像，以驱邪镇宅。

旧时候的老北京街，总有小贩吆喝着："蒲子艾来！""葫芦花来！""哎，买神符！""黑白桑葚儿！""江米小枣儿的凉凉儿的大粽子来！"……

如今那股传统的京腔味儿也许再难寻见了，取而代之的是那些花样百出的包装，虽说亮了眼球，但那种味道却再难以超越。有念想的人，便也只能空叹与怀念了。

粽叶飘香

我们印象中的端午，大都牵荡着一份童心。小时候的端午这天，临近黄昏前，大家总会约上几个小伙伴前往清澈的江河中游水嬉戏。

家里的老人说：端午游了水，一年不长疮。一知半解的稚童也不关心这其中的缘由，只顾在胡乱飞荡的水花中嬉闹，忘却了读书学习的烦恼。

回到家里，吃上用柴火蒸出来的粽子，便算到了端午的高潮。清香的粽叶里包裹着丰富的食材，光是听母亲说说，便已垂涎三尺了。

粽子的做法南北各异，有趣的是，在科举时代，家有书生的父母，更是不忘在粽子里放上枣子，寓意"早中"。

锣鼓喧天，百舸争流

终年平静的大江，到了端午，则喧闹起来，没看过精彩绝伦的赛龙舟，便不算过了一个完整的端午。

沈从文在《边城》中写道："十六个结实如牛犊的小伙子，带了香烛、鞭炮、同一个用生牛皮蒙好绘有朱红太极图的高脚鼓，到了搁船的河上游山洞边，烧了香烛，把船拖入水后，各人上了船，燃着鞭炮，擂着鼓，这船便如一支没羽箭似的，很迅速地向下游长潭射去。"

光是几句笔墨，就让人仿若身临其境，那响彻天边的呐喊声、锣鼓声更是把观众带到了一种难以言喻的亢奋状态。竞渡的拼搏精神，总让人不禁联想到生活中的一些成败得失，但最难能可贵的是，一个人遭受了多少，就领悟了多少。

端午一节的特殊之处在于，它有悲壮，亦有展望。细数那些

　　流传至今的故事，纵然令人拥有许多深思与感慨，但节日的
意义，终归属于我们每个普通人心里共同向往的美好与希冀。

· 小满三候 ·

苦菜秀，靡草死，麦秋至

《月令七十二候集解》说："四月中，小满者，物致于此小得盈满。"大意是，植物的籽粒到这时候开始饱满了，所谓"小满不满，麦有一险"。更重要的是，在这个节气，雨水也得充足饱满，没有雨水的灌溉，万物的饱满就是一场空呢。

小满三候是，一候苦菜秀，二候靡草死，三候麦秋至。

一候苦菜秀，意思是小满节气时，苦菜已经枝繁叶茂了。春风吹，苦菜长，荒滩野地是粮仓。苦菜三月生，六月开花，如小小的野菊，漫山遍野都是。它的叶子像锯齿，吃在嘴里，苦中带涩，是清火解暑的一味好食材。

说来也巧，一般苦味的东西，都有清火之功效。而它们恰恰又都适宜生长在夏季，如苦瓜，这便是造化的神奇。天地自有它们运行的逻辑，有难以言说的神奇。人顺天时而动，便是最好的生活方式。

二候靡草死，意思是小满时节，阳气日盛，一些喜阴的柔软的草类，在强烈的阳光下慢慢枯死，先民的观察真是细致入微。

有死便有生，天地万物莫不在循环之中。靡草的死伴随着新麦的成熟。三候麦秋至，它告诉人们，新鲜的麦子成熟了，可以尝出甘甜之味了。这个时节，适宜尝新，适宜为身体储蓄一年的新能量了。

小满苦菜秀，那是告诉人们要吃点苦了，不然火太旺，便失去了平衡之道。

中医说，辛味可以发散，酸味可以收敛，甘味可以补中，苦味可以泻火，咸味可以入肾。

五味之中，唯苦味可以入心。

西洋没有以苦为味的，唯中国人以苦作五味之一。最苦是黄

连，却能清心火。苦瓜好吃，也取了它这点苦味的清正。若去了它的苦味，苦瓜将变得黯然失色。

苦尽甘便来，所以，吃得苦中苦，才能做得人上人，也才能品味到人生的甘与甜。

· 小满诗词 ·

乡村四月闲人少，才了蚕桑又插田

乡村四月

（宋）翁卷

绿遍山原白满川，子规声里雨如烟。

乡村四月闲人少，才了蚕桑又插田。

中国古代是典型的农耕文化，农耕文化又以"男耕女织"为核心。

翁卷的这首《乡村四月》，写了江南农村初夏小满时节的风光和农耕特色。

江南的四月，是绿色的。山是绿的，原野是绿的，禾苗是绿的，世界是绿的。

江南的四月，是白色的。纵横的沟渠，蓄满了雨水。片片稻田，也蓄满了水。远远望去，白茫茫一片。

还有子规，在如烟的雨中，声声啼鸣，提醒着农人：插秧插禾！所以，紧承着子规催种这一句，诗人写道：乡村四月闲人少，才了蚕桑又插田。

蚕桑与插田，一为织，一为耕，一为衣，一为食。衣食是农耕文化的两大根本，一句话写尽了农耕文化的核心。

小满时节，有两个重要的祭祀活动。
一个是祭车神，即祭水车，寓含水源充足之意。小满时节雨水特别重要，如果此时田里不蓄满水，就无法插秧。俗话说："小满不满，干断田坎。""小满不满，芒种不管。"所以"绿遍山原白满川"，可不是闲笔，是说风调雨顺呢。

一个是祭蚕神。在以蚕丝为主的南方，每到小满前，养蚕人都会到蚕娘或蚕神庙祭拜，祈求丰收。

这首简单的诗中，将中国农耕文明的关键全部融入其中了。

妇姑相呼有忙事，舍后煮茧门前香

缫丝行

（宋）范成大

小麦青青大麦黄，原头日出天色凉。

妇姑相呼有忙事，舍后煮茧门前香。

缫车嘈嘈似风雨，茧厚丝长无断缕。

今年那暇织绢着，明日西门卖丝去。

范成大的诗名并不高，但他有些田园诗，带着泥土的朴素气息，读来可喜。

这首诗取耕织二事之中的织，绘声绘色地摹写了妇姑夏日缫丝的情景。

首句时间：夏日，"小麦青青大麦黄"。
次句时间：清晨，"原头日出天色凉"。

三四句：人是婆婆和媳妇。事是缫丝，煮蚕。
五六句：具体描摹缫丝的情形，或诉诸听觉，或诉诸视觉。

忙忙碌碌，充满了生活气息。

结句"今年那暇织绢着，明日西门卖丝去"陡然一转，写出了与往年相比，妇姑缫丝卖丝更加艰辛，毫无余留，可以想见赋税加重。苦恨年年作金线，只是为他人做嫁衣裳。

中国是最早栽桑养蚕的国家。远在殷商时代，甲骨文中便有"桑"字出现。战国时期，青铜器上有提筐采桑的图纹。《孟子》中有"五亩之宅，树之以桑，五十者可以衣帛矣"之说。

桑，为先民铺设了朴素的生活背景，让他们在土地上深深扎下了根。吃的是粗茶淡饭，穿的是粗布麻衣，埋骨需要的是桑梓之地。

它护佑着它的子民，像护佑着它的孩子。桑林里，有艰辛，也有人们从心底里流出来的生之欢悦、期盼。

小满田塍寻草药，农闲莫问动三车

小满

（近代）吴藕汀

白桐落尽破檐牙，或恐年年梓树花。

小满田塍寻草药，农闲莫问动三车。

小满，除了耕织二事，还有其他。这首诗就提供了一个新的视角，即"小满田塍寻草药，农闲莫问动三车"。

小满是采摘草药的最佳时节。"春草柔嫩，如初生茸毛，药味至淡；秋草老成，有了筋骨，药味至重。因此，虽是同一味药引，时序交易，剂量亦有悬殊。小满时节的草药，药性的浓淡刚刚好，因此最适合采摘。"

这个时节，有地金草可以消炎，有金银花可以下火，有车前草可解毒，有苦苦菜可清热……每一味草药有着不同的香气。背着背篓，在田间坡上到处寻觅，也不失为一种人生乐趣。

小满时节，江南地区得动三车。俗话说："小满动三车，忙得不知他。"

这里的三车指的是水车、油车和丝车。此时，农田里的庄稼需要充裕的水分，农民们便忙着踏水车翻水；收割下来的油菜籽也等待着农人们去舂打，做成清香四溢的菜籽油；田里的农活自然不能耽误。可家里的蚕宝宝也要悉心照料，小满前后，蚕要开始结茧了，养蚕人家忙着摇动丝车缫丝。

你看，简简单单的一句诗，竟然隐藏了多少民间风俗！

芒种 | 最是一年红云当头时

颜色给人的感受是最直观的：绿色让人感觉神清气爽，蓝色让人感觉气定神怡，而红色作为中华民族千年以来的大喜之色，它的喜庆韵味向来是让人难以抗拒的。

"五月石榴红似火"，疯狂绽放的石榴花恰好赶上了芒种时节，一边是金黄的麦地丰收，一边是意味着生活红红火火的好兆头，这个将美好愈演愈烈的夏天，不正是我们最期待的吗？

五月人倍忙

芒种一词，始于《周礼》："泽草所生，种之芒种。"东汉郑玄释义曰："泽草之所生，其地可种芒种，芒种，稻麦也。"芒种时节，正是收麦养稻之时。

说至收麦的农忙之景，白居易的《观刈麦》一诗则最形象不过：

田家少闲月，五月人倍忙。
夜来南风起，小麦覆陇黄。
妇姑荷箪食，童稚携壶浆。
相随饷田去，丁壮在南冈。

芒种

然而，如今麦地里已不再是频频攒动的人头，更多的是代替人工割麦的收割机。这着实高效不少，但隐隐之间，似乎又觉得少了点什么。

兴许是少了些淳朴的气息在里面吧。在工业化还没普及的年代，一家老少在空旷的麦地上挥汗如雨，没有机器轰鸣声的干扰，他们可以弓着腰，在麦地里欢快大声地聊天说话，这种苦中作乐，带着咸味的美好，便不言而喻了。

五月榴花照眼明

农历五月，"石榴花发街欲焚，蟠枝屈朵皆崩云"，怒放的石榴花，像极了一团团炽热燃烧的火焰，娇媚浓艳。

明末清初的文学家李渔在《闲情偶寄》中写道："榴之性又复喜高而直上，就其枝柯之可傍，而又借为天际真人者从而楼之，是榴之花，即吾倚栏守户之人也。"

也许在文人的世界里，花之性情才会被看得如此之重，如这一"倚栏守户之人"，似有无尽的侬侬细语在诉说。倒是在普通人家的后院里，仅将石榴花开，视为好运福来，那颗粒饱满的石榴籽，则寓意"多子多福"。

热情如花，运气不差

古时芒种当日，素有饯花神的习俗。

芒种近农历五月间，此时百花开始凋零，民间爱花百姓便饯送花神归位，以表对花的感激之情，期盼来年相会。

《红楼梦》第二十七回便有提及："那些女孩子们，或用花瓣柳枝编成轿马的，或用绣锦纱罗叠成干旄旌幢的，都用彩线系了。每一棵树上，每一枝花上，都系了这些物事。满园里绣带飘飘，花枝招展，更兼这些人打扮得桃羞杏让，燕妒莺惭，一时也道不尽。"

如今此习俗虽已不存，但爱花之兴却不曾减退，爱花人士也日渐增多。花象征着美好，比起含苞待放的含蓄，热情绽放更能给予人能量。

匆匆人生如花，有盛开，亦有凋落。但愿你把握当下，热情如花，世间的美好与幸福，总会像固定的花期那样，如约翩跹而至。

· 芒种节俗 ·

观莲节 | 接天莲叶无穷碧，映日荷花别样红

观莲节在农历的六月二十四日，也有在六月初四或六月初六，民间以此日为荷花的生日，在宋代便已流行。

"接天莲叶无穷碧，映日荷花别样红。"观莲节这一天，大家盛装出行，泛舟赏莲，吟诗作画，既可眼观莲花之秀美，又能嗅闻莲花之清香。除此之外，还能放荷灯、品莲馔，轻舟荡漾，好不惬意。

观莲节的由来

观莲节历史悠久，宋代就非常流行，在清朝的吴越一带尤其盛行，莲花遍布、荷香沁人，男女老少，倾城出动，人山人海，好不壮观。

至于观莲节的由来，最为盛传的一个传说是，在唐朝大历年间，江南一带盛产才女，吴郡有位美女叫晁采，六月二十四日这天，她与丈夫，各以莲子互相馈赠。于是，便有人问晁采：为何以莲子相赠？晁采答曰："闲说芙蕖初度日，不知降种在何年？"

观莲节习俗

放荷灯。以天然长柄荷叶为盛器，燃烛于内，或将莲蓬挖空，点烛作灯。以百千盏荷灯沿河施放，随波逐流，河上灯光闪烁，甚是好看。

品莲馔。莲花不但好看、好闻，还好吃。莲叶、莲花、莲子、莲藕入馔，不仅味美可口，还具有延年益寿的功效，吃荷叶包饭、饮莲藕汤羹、品莲子清茶，荷香盈齿，妙不可言。

"绿荷包饭"是唐朝就风行的一道美食。柳宗元《柳州峒氓》："郡城南下接通津，异服殊音不可亲。青箬裹盐归峒客，绿荷包饭趁虚人。"诗中的"绿荷包饭"甚是美味，至今仍流行于广东、福建一带。

而白洁似玉的莲花亦是入口的上乘佳肴，其中最有名的莫过于"雪霞羹"，将新采摘的莲花摘去花蒂，沸水一焯，然后与嫩豆腐同煮，成菜红白交错，恍若雪霁之霞。

情人约会。徐明斋在《竹枝词》中写道："荷花风前暑气收，荷花荡口碧波流。荷花今日是生日，郎与妾船开并头。"观莲节也是青年男女表达爱意、亲密接触的好机会。清风徐来、莲花飘香，正是约会的好时节。

· 芒种三候 ·

螳螂生，鹀始鸣，反舌无声

芒种，从字面上看，这是一个与农事结合最紧密的节气。芒，指有芒的农作物，如大麦、小麦。种，一是指种子，一是指播种。

《月令七十二候集解》说："五月节，谓有芒之种谷可稼种矣。"意思是，五月时节，麦子等有芒农作物成熟，急待抢收，而晚稻、黍等有芒作物要忙着播种了。这的确是一个很"忙"的季节啊。"麦至是而始可收，稻过是而不可种"，争的就是时间。

芒种三候是，初候螳螂生，二候鹀始鸣，三候反舌无声。

芒种三候提到的动物，除螳螂外，其他几种今天可能已经没有多少人熟悉它了，但在古人那里，都有丰富的意义。

一候螳螂生。螳螂在深秋生子于林间，一壳百子，到了芒种时节破壳而出。螳螂捷飞如马，故称"飞马"，两足如斧，又称"斧虫"。

螳臂挡车的故事最早出于《庄子》。齐庄公外出狩猎，竟有小小螳螂举臂要挡其轮。他的随从告诉他，"此螳螂也，其为虫知进而不知退，不量力而轻就敌"。在这个故事中，螳螂是一个"不知其不胜也"的悲剧角色。

螳螂捕蝉，黄雀在后，千百年也为人熟知。

二候鵙始鸣。鵙，即伯劳鸟，此鸟"以五月鸣，其声鵙鵙然"。伯劳鸟是留鸟，与燕子这种候鸟习性相反。伯劳匆匆东去时，正是燕子急急西飞时，相遇即是分离，永远无法聚首。所以"劳燕分飞"便成了有情人无法相聚相守的悲剧象征。

事实上，伯劳鸟是一种生性比较凶猛的鸟儿，它习惯将捕食的对象插到荆棘上撕食。

三候反舌无声。反舌鸟即百舌鸟。沈约曾为此鸟作赋，说它

"乏佳容之可翫,因繁声以自表"。因为长相一般,便用巧声去彰显自己。

这三种物候,看起来没有联系,却大有联系。"螳螂、鵙皆阴类,感微阴生或鸣,反舌感阳而发,遇微阴无声也。"三者皆感阴而有所反应。

芒种,仲夏时节,阳气正炽。物极必反,阳气炽烈到顶点的时候,也是它走下坡路的时候,阴气已然在潜滋暗长了。

人处其中,或许没有知觉。而自然界中的生物,却敏锐地感受到了这一变化。并以它们的节奏应和时节的变迁,这便是造化的神妙之处。

· 芒种诗词 ·

田家少闲月，五月人倍忙

观刈麦

（唐）白居易

田家少闲月，五月人倍忙。夜来南风起，小麦覆陇黄。

妇姑荷箪食，童稚携壶浆，相随饷田去，丁壮在南冈。

足蒸暑土气，背灼炎天光，力尽不知热，但惜夏日长。

复有贫妇人，抱子在其旁，右手秉遗穗，左臂悬敝筐。

听其相顾言，闻者为悲伤。家田输税尽，拾此充饥肠。

今我何功德，曾不事农桑。吏禄三百石，岁晏有余粮。

念此私自愧，尽日不能忘。

芒种字面的意思是"有芒的麦子快收，有芒的稻子可种"，你也可以理解为"忙着播种"。又要收，又要种，从芒种到夏至，农人要进入最忙的时节了。

这首《观刈麦》是白居易早年所写的一首著名的讽谕诗。当

时他任陕西县尉，目睹民生疾苦，写下了这首诗。

"田家少闲月，五月人倍忙。"此时"小麦覆陇黄"，要快打、快抢、快入仓，容不得半点耽搁。

有割麦者辛苦劳碌的场景。麦子上场，意味着男女老幼齐上场。妇女带着小儿，给田地正在割麦的青壮年送饭送水。青壮年农民在南冈麦田低着头割麦，脚下暑气熏蒸，背上烈日烘烤，累得筋疲力尽也顾不上许多，只是珍惜夏天昼长能够多干点活。

有拾麦者含辛茹苦的场景。一个贫妇人怀里抱着孩子，手里提着破篮子，在割麦者旁边拾麦。她家的田地为缴纳官税卖光了，如今无田可种、无麦可收，只好靠拾麦充饥。

目睹了农民在酷热的夏天的劳碌与痛苦之后，诗人想到了自己，感到自己没有"功德"，又"不事农桑"，却拿着"三百石"俸禄，到年终还"有余粮"，"念此私自愧，尽日不能忘"。

诗人的心弦显然是被眼前的景象震动了，提笔写下这首诗，字里行间充满对劳动者真诚的同情和怜悯，也深深地感染了读者。

好的诗，不是写出来的，而是从心里流出来，最终也会回到读者的心里去。白居易倡导"文章合为时而著，歌诗合为事而作"，这首诗正是他诗歌理论的践行。

时雨及芒种，四野皆插秧

时雨

（宋）陆游

时雨及芒种，四野皆插秧。家家麦饭美，处处菱歌长。

老我成惰农，永日付竹床。衰发短不栉，爱此一雨凉。

庭木集奇声，架藤发幽香。莺衣湿不去，劝我持一觞。

即今幸无事，际海皆农桑；野老固不穷，击壤歌虞唐。

上一首诗写了"有芒的麦子可收"，这一首诗写了"有芒的稻子可种"。

和白居易对民生多艰充满同情和自责相比，陆游笔下则呈现出四海升平、闲适自得的景象来。"即今幸无事，际海皆农桑"，所以他简直要"击壤歌虞唐"了。

他，终究是与命运握手言和了。收复失地的热忱，有志难酬的悲愤，至此已经磨灭成一声悠闲的长叹。

芒种时节的雨，对农人来说，是珍贵的。对诗人来说，是惬意的。

他是懒懒的。整日整日的光阴"付竹床"，头发也懒得梳理。一场雨，带来了一阵凉，在暑热难耐的时节，他更是珍惜。

听着雨点敲打着庭中树木，发出奇异的声响。空气中，弥漫着瓜果散发的种种幽香。一只黄莺被雨淋湿了羽毛，留在了庭前树梢上。见诗人如此闲适，它也备显多情，劝诗人持觞临风，莫负好时光。这个老头，明明是自己酒兴大发，偏偏说是鸟儿逗引的，为自己找了个漂亮借口，仿佛这样才能心安理得似的。

为了自己更加心安理得，他又信手一挥，写下了一幅四海无事的升平气象，"击壤"二字，道出一切。

《艺文类聚》卷十一引晋皇甫谧《帝王世纪》："（帝尧之世）天下大和，百姓无事，有五十老人击壤于道。"后因以"击壤"为颂太平盛世的典故。宋范成大《插秧》："谁知细细青青草，中有丰年击壤声。"皆用此意。

击壤而歌，在当时也许并不是事实，却永远是诗人和世人心目中的理想。

在骨感的现实面前，有理想之光抚慰，也是好的。

五月榴花照眼明，枝间时见子初成

题榴花

（唐）韩愈

五月榴花照眼明，枝间时见子初成。

可怜此地无车马，颠倒青苔落绛英。

五月，花事已过。芒种这天，还有送花神的习俗。

《红楼梦》第二十七回用大篇的笔墨描述了芒种当天送花神的习俗：

至次日乃是四月二十六日，原来这日未时交芒种节。尚古风俗，凡交芒种节的这日，都要设摆各色礼物祭饯花神。言芒种一过，便是夏日了，众花皆谢，花神退位，须要饯行。然闺中更兴这件风俗，所以大观园中之人都早起来了。

黛玉也正是在芒种这天葬的花。
但石榴花，在五月却开得最艳，烂漫无比。我们苦于找不到一个好的词汇来形容这种艳，韩愈一句"五月榴花照眼明"传神至极。榴花的红艳，仿佛点亮了人的眼睛！这种震撼足以见榴花之明艳不可方物。

结句"可怜此地无车马，颠倒青苔落绛英"有二义：一是诗人自怜自赏。石榴生长在偏僻的地方，免去了人为的攀折损害，殷红的石榴花落在青色的苍苔上，红青相衬，姗然可喜；二是诗人自怨自艾。花开得再美又如何，还不是寂寞无声，

无人来赏。"颠倒"二字足见诗人愤然不平之气。

有人认为这首诗是宋代朱熹写的。不过,我认为向来爱作翻案文章的韩愈,倒是与这首诗的气质更加相配。

夏至 | 昼晷已云极，宵漏自此长

古人云夏至："言万物至于此，假大而极至。"

刚阔别初夏不久，盛夏的热浪便随着越发嘶鸣的蝉叫扑面涌来。热依旧是那股热，也不知道从什么时候起，曾经的夏日金句"心静自然凉"已远远敌不过一阵电流制造的风了。

如果这个夏天没有空调，你的生活又会变得怎样？

夏日的风流凉友

如今很多人都渐渐习惯圈在那密集的钢筋水泥中，空气中浑浊弥漫，那与旷野农夫厮守终身的山间清风，倒成了城里人在夏季里日思夜念的好东西。

同样是夏季的一阵凉风，扇子扇出来的风却别有一番雅致。古人云："净君扫浮尘，凉友招清风"，把扫帚和扇子描绘得轻捷灵妙。早一些的时候，扇子被人镶上乌木、紫檀等物，再将扇骨做以镂、雕、烫、钻等工艺，扇面受名家题字作画，就成了一件十足的风雅名物。

百年之后，凉友虽然幸存，但大多数也只是回归到了它的现实功能，一把塑料片子，上面随便印着些图画，就招来

夏至

清风。可是，谁还会晓得当年一柄檀香扇，展开后馨香四溢，愈摇愈浓，香气可十年不退？

夏至风物：火齐颗颗泻晶盘

在岭南、江南等地区，要说盛夏时节最令人欣喜的水果风物，共有两种：一种是荔枝，另一种是杨梅。

宋人平可正有诗写道："五月杨梅已满林，初疑一颗价千金。味方河朔葡萄重，色比沪南荔子深。"若常含一枚咽汁，可利五脏下气。

小时候，岭南山区人家的大孩子，一到杨梅成熟时便会领着几个吵吵闹闹的小孩子，沿着蝉鸣打叶声，来到成片的杨梅林下大显身手，几个孩子王互相较劲爬树的本领，或是拿根木棒敲击杨梅，一顿"折腾"后，只需一个下午便可满载而归了。

因此，这杨梅最讨人喜欢的，除了那种让人垂涎三尺的独特味道外，最大的乐趣便是这摘杨梅的过程了，简单而美好。

食酸固表，食苦清心

夏至后火热盛极，又因火气通于心、火性为阳，所以，夏季的炎热最易干扰心神，使人心情不宁，新陈代谢增快，导致心跳加快，血流加速，血压升高，加重心脏负担，诱发疾病。因此，夏季养生重在养心。

中医有"夏不食心"之说，而苦味食物能助心气而制肺气，可多吃苦瓜等物以养心。

此外夏季出汗多，盐分损失也多，可多吃西瓜、绿豆汤、乌梅小豆汤，消暑清心。

宋代词人晏几道有词曰："晚来团扇风。"一阵风，能够勾起我们无边的盛夏思念。

其实，我们只是都怀念着多年以前的某个晴朗夜晚，奶奶拿着蒲扇坐在榕树下，一边仰望着星空，一边摇着扇，跟我说起那些岁月的故事。

·夏至节俗·

天贶节 | 六月六，请姑姑

起源

农历的六月六，是一个鲜为人知的节日，名叫"天贶节"，又名"姑姑节"。恐怕现如今，已经极少有人知道这个节日。

天贶节起源于宋代，是宋真宗赵恒确立的。有一年六月初六，赵恒突然声称上天给了他一部天书。并且派诸多官员发榜天下，诏告万民，让百姓们听信他的言论。于是便定下此天为天贶节。他还在泰山脚下建立一座宫殿，名为天贶殿，用于每逢此日，举行盛大活动。

时过境迁，花谢花开，天贶节的寓意早已经改变，但天贶节时晒红绿的风俗却在历史上保存了下来。

回娘家

每年逢六月初六天贶节，已经出嫁的老少姑娘们在这一天都要回到娘家，让娘家人好好招待一番，再送回去。

这个习俗源于一个传说。春秋战国时期，晋卿狐偃刚愎自用，为人狂妄自大，把自己家的亲家赵衰活活气死了。有一年，晋国招灾，狐偃出城开仓赈灾，他的女婿想趁着这个机会，为父亲报仇，杀死狐偃。女婿的想法被女儿知道了，于是她星夜奔赴娘家，告知狐偃，好让父亲有个准备。狐偃赈灾回城，深知自己罪过，懊悔不已。后来，他非但没有怪罪女婿，反而自己忏悔。事后，每年农历六月初六，狐偃都把女儿、女婿接回家里，合家团聚。

古代，女儿回娘家是很常见的。但什么时候回，却有所限制。例如在农忙时节，女儿回娘家就显得不合时宜。所以，六月初六这样农闲之时，为女儿回娘家提供了条件。民谚有言："六月六，请姑姑。"此时，家中小孩亦要跟随妈妈回姥姥家。待上一天，归来时，姥姥要在孩子额头上印上一个红记，作为辟邪求福的标记。

晒书

天贶节还有晒书的习俗。河南有首民谚："六月六晒龙衣，龙衣晒不干，连阴带晴四十五天。"因六月六处于盛夏时期，多雨，尤其在江南之地，有时候连着数日都是暴雨，难有晴天。在这个时间段，但凡有晴天，都要把家里的东西拿出来晒晒。

传说唐僧西天取经，经书落海受潮，被唐僧一一捡起来，晒干，方可使用，于是中国寺庙中便有了六月六晒经书的说法。后来，这种习俗从寺庙流出，流向民间，便有了六月六晒物件的说法。

此时从佛寺、道观乃至群众家里，都有晒衣物、器具、书籍的风俗。妇女在此日多洗头，把小狗、小猫等宠物放下水洗澡。

求平安

一年四季中，对于人生命安全最有威胁性的有两个季节，一个是盛夏，一个是寒冬。这两个季节，人畜死亡率很高，发病率也很高。

所以，天贶节这一天，有求平安的说法。

其中，最受欢迎的活动，便是为大象沐浴。当然，也会为其他牲畜清洗。

在广西壮族自治区，每年六月六为牛魂节，在此期间，为牛洗澡，让牛休息，喂各种好饲料。

天贶节求平安还有另外一种说法。便是在大雨来临之前，让闺中儿女，剪纸人悬挂在门的左边，称"扫晴娘"，寓意祈求晴娘的到来，把阴云驱散从而迎来阳光充足的晴天。这种做法在北方流传很广，在陇东地区则被称为扫天婆、扫天娃娃、驱云婆婆等等。

· 夏至三候 ·

鹿角解，蜩始鸣，半夏生

夏至，为五月中。这一天："日北至，日长之至，日影短至。故曰夏至。至者，极也。"

夏至这天，万物壮大繁茂到极点，阳气也达到极致。所以，它是一年中夜最短、昼最长的一天。这一天正午，在北回归线地区将会出现"立竿无影"的现象，人的影，在这一天也是最短的。

物极而反。因此，自这一天起，阴气在地底每天生长，阳气被逼而火躁，形成溽蒸的现象。此后，阴气渐长，小暑、大暑也随之而来了。

夏至三候是，一候鹿角解，二候蜩始鸣，三候半夏生。

鹿角解。鹿角朝前生，属阳。夏至日阴气渐生而阳气始衰，所以阳性的鹿角便开始脱落。

蜩始鸣。雄性的知了在夏至后因感到阴气渐生便鼓腹而鸣，以尽生命的最后的狂欢和最炫丽的绽放。

半夏生。半夏是一种生于阴阳半开半阖时的植物，作为一种药材，它主治半开半阖之病。这个植物的生长，意味着夏天已经过半，虽虫鸣如织、花香四溢，阴气已然生长。

古人观察入微由此可见一斑。世上万物莫不如此，到达极致便会走下坡路。

这三类物候在传统中国有着不寻常的意义。

鹿在中国古代被赋予了各种寓意，比如美德、爱情。《诗经》"四始"之一便是《小雅·鹿鸣》。全诗以鹿鸣起兴，"呦呦鹿鸣，食野之苹。我有嘉宾，鼓瑟吹笙"描述了一场热烈的宴饮。后来《鹿鸣》便成为贵族宴会或举行乡饮酒礼、燕礼等宴会的乐歌。东汉末年曹操还把此诗的前四句直接引用在他的《短歌行》中，以表达求贤若渴的心情。及至唐宋，科举考试后举行的宴会上，也歌唱《鹿鸣》之章，称为"鹿鸣宴"，可见鹿之神圣与美好。

蝉，在黑暗的地下要待上几年甚至十几年，才能羽化成蝉，见到光明。短短两个月左右的生命，全部在夏季。它们独特的生活习性让它们成为复活与永生的象征，成为周而复始、绵延不绝的象征。中国上古的"禅让制"或许正是取了这一象征寓意。骆宾王更是以蝉自喻，寄托孤高清洁的情怀。"露重飞难进，风多响易沉。无人信高洁，谁为表予心？"这声质问，至今犹在耳边回响。

半夏，在中国古代既是入药的材料，也是入诗的材料，是文士雅医的最爱。

· 夏至诗词 ·

昼晷已云极，宵漏自此长

夏至避暑北池

（唐）韦应物

昼晷已云极，宵漏自此长。未及施政教，所忧变炎凉。

公门日多暇，是月农稍忙。高居念田里，苦热安可当。

亭午息群物，独游爱方塘。门闭阴寂寂，城高树苍苍。

绿筠尚含粉，圆荷始散芳。于焉洒烦抱，可以对华觞。

夏至这天，北半球白昼时间到达极限。过了这天，一天短一线。这正是诗人所说的"昼晷已云极，宵漏自此长"。物极必反在自然时序中体现得最明显，在夏至这个日子里，诗人忧虑的是时光过得太快，政教未施。

接下来的四句，他表达了一个公职人员的愧疚与同情。公门多暇与农事正忙相对照让他愧疚，高居庙堂与苦热难当的对照让他对农民的艰辛充满同情。只是这种愧疚与同情有点风

171

轻云淡的感觉，作为一个旁观者，他无法真正地感同身受。所以，他很快便恢复了一个士大夫的本性，在暑热难当之际，觅一方清闲，优游度日。

后八句，重点写他如何避暑。

正午时分，他一个人来到了一个小院。院内少有闲人，门是紧闭着的，院内高树苍苍，浓阴匝地，给人一种寂然怡神的感觉。推门而入，但见院中心有一鉴方塘，在四周树木的合抱下，显得格外沁凉。塘边有修竹数株，新生的竹笋带着一丝粉意；荷花初绽，散发着淡淡的清香。有美景如斯，政务的烦扰与世间的喧嚣都抛置身外，以一颗开放的心拥抱当下，聊举酒觞，足以消忧。

一个小官员的一点小烦恼，顷刻间消解在自然的一点馈赠之下。

另一个大官员，初唐时期官至宰相的权德舆，在夏至日也写了一首诗：

璇枢无停运，四序相错行。寄言赫曦景，今日一阴生。

全诗隐去了个人的感情和情绪，唯在时序交错而行的夏至节令，有种逝年如水、光阴不停息的惆怅。但这种惆怅隐藏在客观的叙述中，看不出悲喜，其冷静雍容的风范，倒也符合一个宰相的身份。

无论是高官还是微吏，无论是天子还是庶人，无论是春女还是秋士，古代的天空下，人们对时序节令的变迁，似乎比现代人要敏感得多、多情得多。

荷风送香气，竹露滴清响

夏日南亭怀辛大

（唐）孟浩然

山光忽西落，池月渐东上。散发乘夕凉，开轩卧闲敞。

荷风送香气，竹露滴清响。欲取鸣琴弹，恨无知音赏。

感此怀故人，中宵劳梦想。

这也是一首夏日纳凉诗，诗中表达了水亭纳凉的闲适及对好友的怀念。孟浩然清逸闲淡的诗风，可以此诗为代表。

前四句，为夏夜水亭纳凉铺设了一个怡人的环境。

地点，是在小亭的池边。夕阳西下，池月东上。因"夏日"可畏而盼日头早落，用了一个"忽"字。因静夜清凉而盼素月东升，用了一个"渐"字。一快一慢之间，诗人想投入月华之下拥天地之清凉的急切之心，呼之欲出。

人物，是一副闲散的样子。披散着头发，全没有白日严谨拘束的模样。斜卧在轩窗旁，恍如羲皇上人。四肢百骸，弥散着闲适与清爽，此时此刻，心是静的，也是开敞的。静故了群动，空故纳万境，身心的开敞与舒展让诗人的感官特别敏锐，极易捕捉到自然界的声响和气息。他感觉到了，阵阵水风送来了荷的香气。他感觉到了，滴滴露珠泫然欲坠，落在竹枝上那细微的清响。

此情此境，宛如天籁。他想鸣琴相和，琴之古雅平和与他此时闲适怡然的心境最相宜。只是，流水常在，而知音不常有，纵有满腔诗情与感动，知音远在天边，又有谁来听呢？

如果要给美好的人生一个定义，那就是惬意。如果要给惬意一个定义，那就是三五知己，谈笑风生。

这样一个美好的夏夜，因为知己的缺席而变得不完美。

每年6月24日，夏至之后，是观莲节。民间以此为荷花生日，宋代已有此节。在水乡江南一带，此日是举家赏荷观莲的盛大民俗节日。因此大凡有关夏至的诗，会反复提到荷，渊源正在此。

几微物所忽，渐进理必然

夏至

（宋） 张耒

长养功已极，大运忽云迁。人间漫未知，微阴生九原。

杀生忽更柄，寒暑将成年。崔巍干云树，安得保芳鲜。

几微物所忽，渐进理必然。趑哉观化子，默坐付忘言。

张耒作为"苏门四学士"之一，其创作渊源于三苏。但可惜，他没有苏轼过人的才气和禀赋，所作诗歌少了灵气，多了几分理学气。这首《夏至》，理性十足，诗意和形象完全消解在他的说理中。

夏至这日，白昼最长。同时也是阳气盛极而阴气潜滋暗长的节气，正如古人所说"阴阳争而死生分"，喜阴的植物开始生长，喜阳的植物渐渐衰微。

这种变化，不是"忽"，而是"渐"，极隐、极微，所以一般人是不大会注意到的。所谓"人间漫未知，微阴生九原"，在不知不觉时，阴阳按照自己的节律，已经在悄然转换了。

物极而反，盛极必衰。所以诗人担心那些"崔巍干云树，安得保芳鲜"。

只是这其中的机变，人们常常看不见。而世上万物万事的生成与变化，莫不是一个渐进的过程，"几微物所忽，渐进理必然"，这是宇宙至理。

"天下大事，必作于细；合抱之木，生于毫末；九层之台，起于垒土；千里之行；始于足下。"

 所有的平淡流年，背后莫不有一个惊心动魄的故事。

 感于此，怎不让人"默作付忘言"呢?

小暑 | 接天莲叶无穷碧，映日荷花别样红

你记忆中的夏天是什么样子的？是蝉鸣无休无止，温度三十五六，还是扯着领口晃动，无奈抑制不住的汗流？

也许，大家记忆中的夏天，更多是这样的：午后从窗外打进屋里的模糊光晕，电风扇发出有规律的嗡嗡声响，被挖空了瓜瓤的半块儿大西瓜，蝉鸣蛙叫的荷塘月色……

盛夏，便是如此，带些慵懒，眷恋清凉。

荷塘风光

曾有梁元帝在《采莲赋》中说："于是妖童媛女，荡舟心许，鹢首徐回，兼传羽杯。棹将移而藻挂，船欲动而萍开……"

采莲虽为江南的夏日旧俗，但到了如今，人们荡着木舟，划着双桨，深入荷塘采莲嬉戏，放声歌唱的兴致仍不减当年。夏日的清凉则莫过于此，就连朱自清在清华园的荷塘月色下，也不禁感慨万分，心生冷寂。

文人的世界，最易触景生情，思绪杂糅。终归是普罗大

众的我们对这荷塘月色的向往多是动机纯粹的，寻寻觅觅，只为纳得一份清凉。

暑月剖之，脆若嚼冰

虽说如今的瓜种样多，吃法各异，又有速冻手段，但怎么吃都不及古人吃瓜那样略带苍劲、古朴纯真：

"拔出金佩刀，斫破苍玉瓶。千点红樱桃，一团黄水晶。下咽顿除烟火气，入齿便作冰雪声。长安清富说邵平，争如汉朝作公卿。"文天祥的这首《西瓜吟》堪称是最令人酣畅淋漓的吃瓜场景描述。

一个"斫"字，生猛形象，清脆爽朗的瓜裂声，有如探秘桃花源那般兴奋：初极狭——均匀裂缝里的宝石红隐隐若现；豁然开朗——成片的红瓤夺人眼球，早已顾不上那么多，怕是端庄淑雅的林黛玉见了这粉硕多汁的果肉，也会吃得满嘴红碴。

炎夏吃好瓜是整个夏天的幸事，每一次大快朵颐，当倍觉豪情超迈。

小暑养生，祛湿消暑

民间有谚曰："小暑大暑，上蒸下煮。"小暑为蒸，意为溽景薰天，不但天气炎热，而且湿气颇重。此时，人最易上火、食欲不振。此时养生，更侧重祛湿消暑。

岭南人自然对一盅冬瓜荷叶老鸭汤不陌生，食谱如下：选取1000克冬瓜，少量鲜荷叶，土茯苓、赤小豆各50克，生姜4片、老鸭半只、猪瘦肉50克，拌入瓦锅，大火煮沸、小火慢熬，三四个小时下来，一锅老鸭汤就此而成。

在中医看来，冬瓜、荷叶为消暑清热的不二好物，而老鸭肉性凉滋补、土茯苓祛湿、赤小豆健脾，各物尽其所能，对症养生，一盅下肚，回味无穷。

下厨煲汤，是件颇为讲究的事，从选材到备材，再到出锅，至少得费上一整个上午的时光，如此一来，生活就充满着仪式感，认真而细致。

夏天晴雨不定，若天气好时，没什么要急着做的事，也没有特别想见的人，大可摘几片喝饱阳光的荷叶，切几片西瓜，沏一壶好茶，闲看云卷云舒，那般惬意，才最令人欣往。

· 小暑节俗 ·

火把节 | 人生荣耀，就是要过得火红

2017 年央视春晚，与哈尔滨皑皑白雪的冰冻世界不同，四川凉山分会场则是一片火热，大地通红，到处都闪耀着大红火光，仿佛整个世界都被火光烤红了。这便是凉山彝族最著名的"火把节"。

"火把节"是我国很多少数民族非常重要的节日，不仅是彝族有，纳西族、大理白族历来皆有"火把节"的传统，其重要程度不亚于"春节"，甚至成为某些少数民族的标志。人们在这一天载歌载舞，身着华服，举行祭祀。

火把节来源

纳西族一直流传着这样一个传说，天神子劳阿普嫉妒人间的幸福生活，于是派一位年老的天将降临人间，并嘱咐他说："把人间烧成一片火海。"年老的天将来到人间，正准备动手，突然发现一个汉子背着一个小孩，牵着一个小孩。而他奇怪的是，为何背着的小孩年纪反而大，而弱小的孩子反而被牵着走。

天将思索不解，便向前去问。原来，汉子背着的是自己的侄子，而牵着的，是自己的儿子。因哥嫂皆死，汉子认为更要好好照料自己的侄子，便把年大的侄子背在背上，反而让年幼的儿子自己行走。

天将蓦然震动，人间竟有如此美德，怎忍心伤害。于是天将便将天神要烧毁人间的故事告知汉子，并说，人们要在六月二十五那天在家门口点燃火把，以此免去灾难。于是，人们纷纷在这天点亮火把，人间霎时一片火海。天神认为，人类早就在这场火海中死亡了，却没想到，人们在这天载歌载舞，诗酒纷飞。于是，纳西族人们便把这天定为火把节。

除了纳西族，其他各少数民族皆有本民族"火把节"的传说来源，例如拉祜族。

其实，无论是纳西族，还是拉祜族，"火把节"的来源，都发自人们内心深处对美好生活的渴望，希望每当灾难来临，

自己都能够逢凶化吉，人间康泰。

"火把节"还有另外一个充满诗意的名字，星回节。

《礼记·月令·季冬之月》载："是月也，日穷于次，月穷于纪，星回于天，数将几终。岁且更始。"

隋唐学者孔颖达解释说："谓二十八宿随天而行，每日虽周天一匝，早晚不同，至于此月，复其故处，与去年季冬早晚相似，故云星回于天。"

"星回"一词其实源自白语，翻译成汉文即"柴火"。

对于很多少数民族而言，"火把节"即是夏季的春节。纳西族有这样一个说法："冬季春节为大，夏季火把节为大。"由此可见一斑。

火把节习俗

少数民族对"火把节"甚为重视，有很多习俗。

接点火种。每年农历 6 月 24 日，各个少数民族都要举办"种太阳"活动。

人们在"打歌"场中心竖一个大火把，周围堆放着堆堆干柴。火把正前方会有一截经过认真挑选的树桩，人们用这个树桩来象征太阳。

太阳冒山之际，汇聚在广场上的人们各拿一根小木棒，依次到"太阳"上"钻"木取火。不管谁"钻"出了火星，众人都蜂拥而上，送上草绒、干树枝叶"接"点火种，然后把火种转移到柴堆上，点燃柴堆。随后，每个人拿着自己的小火把到火堆上取火，再带回各家，称之为"种太阳"。

耍火活动。白族和纳西族，到了火把节之夜，都要举办耍火活动。

人们会在所有村寨的大树上系上红花，象征"红花火树如炬燃"。当天上出现第一颗星星的时候，每个人各拿一只小火把，载歌载舞，环"红花火树"唱颂一通。

运动项目。在"火把节"这天，还会有各式各样的运动项目，例如斗牛和摔跤。

斗牛时，两头公牛怒目圆睁，相向而来，两对特意削尖的牛角猛然相撞。观众们呐喊助威，牛犟性大发，双方都拼命进攻，场上血花飞溅，场外呼声阵阵。胜利的牛头颈披红戴花，由主人牵着绕场一周，由此身价倍增。

摔跤活动在彝族很盛行，分绊脚和不绊脚两种，以摔倒为输。每个村寨挑选出最强的摔跤手，获胜者除了获奖品外，他们自己的村寨还另以酒、羊、牛等美食来庆祝和鼓励获胜者。此外，还有精彩的射箭比赛，而会场无时无处不聚集着许多骑马的少年和穿鲜艳服装的彝族姑娘，他们对歌跳舞，围观者高歌伴唱，盛况空前。

篝火晚会。"火把节"还有"东方情人节"之说。

当夜晚来临之时，人们会在"火把节"期间举办篝火晚会，人们吃着烤肉，拿着松枝火把绕着火堆一圈一圈地跑。姑娘们穿着自己缝制的衣裳展示灵巧的手艺，小伙子在比赛和表演中博得姑娘们的微笑及芳心。

到了此时此刻，他们都找到意属的心上人，根据习俗，男方可以抢夺女方身上的信物作为定情之物。他们也借着通宵欢歌狂舞，互相表达爱意。

· 小暑三候 ·

温风至，蟋蟀居宇，鹰始鸷

夏至之后的几十天，称"暑"。暑，从日，从者。者即为"煮"，意思是天热如煮。

暑有小大之别。"斗指辛为小暑，斯时天气已热，尚未达于极点，故名也。"《月令七十二候集解》说："暑，热也，就热之中分为大小，月初为小，月中为大，今则热气犹小也。"小暑以及随之而来的大暑，是最热的两个时节，下有湿气蒸腾，上有烈日炽盛，天地之间犹如一个大蒸笼。

"小暑、大暑，上蒸下煮"，热度和湿度，两相交加，溽热难耐，民谚说得极好。

小暑三候是，一候温风至，二候蟋蟀居宇，三候鹰始鸷。
温风至。温风即热风，小暑时节，大地上没有凉风，风中裹着热浪。

蟋蟀居宇。二候时，蟋蟀虽生但还在穴中面壁，不能出穴飞行。农历七月后才出穴，在草丛间鸣叫求偶，八月天凉了，蟋蟀聚到院中，小院鸣声沸腾，凉意渐浓，秋意越来越近了。一只蟋蟀的活动路径，牵动着时节的变迁。正如《诗经》所说："七月在野，八月在宇，九月在户，十月蟋蟀入我床下。"

蟋蟀感阴而生，遇寒而鸣，它一步步提醒着古代的女子，要准备冬衣了，故它还有一个文艺的名字叫"促织"。流沙河先生的《就是那一只蟋蟀》写得好："就是那一只蟋蟀，在《豳风·七月》里唱过，在《唐风·蟋蟀》里唱过，在《古诗十九首》里唱过，在花木兰的织机旁唱过，在姜夔的词里唱过。"劳人听过，思妇听过，孤客听过，伤兵听过。它的鸣叫，回响在每个乡愁者的心窝，抚慰了多少万里悲秋者的寂寥和孤独。

三候鹰始鸷。鹰已经感知到肃杀之秋气将至，开始练习搏击长空了。

在众鸟之中，鹰是属于秋季的。秋季也是属于鹰的。

　　"夏天的脚步渐渐远去，秋天来了。歌唱会上的表演者，也开始了替换。播种期的鸣禽们变得安静起来，无数的昆虫颤动着轻飘飘的翅膀，飞到了空中，开始了鸣唱。在白天，无论你走到哪里，都能听到它们的歌声。鸟儿们脱去了节日的艳装，换上了新装，朝南方飞去。燕子们结成一群，刺歌雀结成一群，它们排着队，按照严格的顺序，悄悄地飞走了。在我还没注意的时候，各类鸦也飞走了。秋天到了，天气开始冷了起来，大多数鸟儿都离开了北方。远处，一只鹰沉静地拍着翅膀，朝着天边飞去，慢慢地，它消失在地平线上。

季节结束了，鸟儿们都离开了，那只鹰作为旁观者，默默地见证了这一切。"这是《沙乡年鉴》中一段关于鹰的描写。

"鹰击长空，鱼翔浅底，万类霜天竞自由。"鹰在天空中翱翔，动静结合，简直是一幅完美的图画。

阳至于极而阴生，蟋蟀居宇，鹰始鸷，宣告的便是这一自然规律。

· 小暑诗词 ·

小暑金将伏，微凉麦正秋

夏日对雨寄朱放拾遗

（唐）武元衡

才非谷永传，无意谒王侯。小暑金将伏，微凉麦正秋。

远山歊枕见，暮雨闭门愁。更忆东林寺，诗家第一流。

武元衡是武则天的曾侄孙，有了这层关系，尽管仕宦几度起落，终没有离开机枢之地。

诗中表达了他无意权贵的淡泊之志。他说自己比不上汉代才子谷永，以才获天子重用；又说自己不慕名利，无意谒王侯。其实，这有点假了。他自己就是豪门，又何必攀附豪门？

他说他眷恋往日和旧友一起在东林寺吟诗饮酒的风流雅韵，位高权重不及与知音优游林泉，正所谓"更忆东林寺，诗家第一流"。

诗中"小暑金将伏，微凉麦正秋"一句写得很清简。

按农历，从夏至后第三个庚日为初伏，第四个庚日为中伏，立秋后第一个庚日是末伏。自小暑后，天气炎热，而金气伏藏，仍然是盛极而衰的天道。

酷暑里一场雨，带来了一丝凉意。也让平日忙于公务的人有了闲暇，偷得浮生半日闲。欹枕观远山，黄昏时分，莫名生愁，怀念起昔日的旧友来，这是一个古人的一天，却让身为现代人的我们读来毫无违和之感。

接天莲叶无穷碧，映日荷花别样红

晓出净慈寺送林子方

（宋）杨万里

毕竟西湖六月中，风光不与四时同。

接天莲叶无穷碧，映日荷花别样红。

这是一首送别诗，但离情别意完全隐藏在西湖六月的美丽景致中，留给我们的是同诗人一样的惊叹和欣喜。

寻常景致，在审美眼光的观照下，有了美的光华。这也是"诚斋体"的特点，于庸常中带来清新与振拔，给人一种意想不到却又合乎人情的震撼与感动。

开篇很朴实，像脱口而出，说西湖之景"毕竟"不同于其他季节，足可让人留恋。

怎样不同？
诗人用充满强烈色彩对比的句子，描绘出一幅大红大绿、精彩绝艳的画面："接天莲叶无穷碧，映日荷花别样红。"碧绿的荷叶无限延伸，直至与蓝天相融；无边无际的碧色背景上，又点染出阳光映照下的朵朵荷花，娇艳而明丽。"无穷碧"连天，"别样红"映日，这样的景致，只有夏季六月荷花开得最旺盛的时候才能看见！

高远阔大的意境，让人的神思也不由得跟着飞扬了！

这样好的景致，怎舍得友人离别？
这样好的景致，连离别也带着别样壮美的色彩。

大暑

大暑 | 夏末最美好的打开方式

古人说：绿树阴浓夏日长。漫长的白天显然减缓了许多生活的节奏，一个蝉鸣聒噪的午后，我们可以带着些许慵懒将它过得惬意十足。

逝者如斯夫，夏季特有的惬意是有限的，但回忆可以是无限的。

其实，在秋天第一片落叶归根之前，不妨在夕阳溶尽天边的黄昏时刻多驻足停留一会儿，相信在那样的情境下，那些你所憧憬的美好景象总会与你不期而遇。

最理想的夏日生活

晚唐诗人高骈有首诗说："绿树阴浓夏日长，楼台倒影入池塘。水晶帘动微风起，满架蔷薇一院香。"

寥寥四句，勾起了许多长期围于钢筋水泥中人的雅致，古往今来，夏日景致，最有禅意：

无事听雨。夏日的雨，时而伴有阵阵轰雷，屋外池塘边停靠的舟船，伴着池荷乱跳雨，如琴瑟白雪之音。

大暑

芭蕉绿晕染窗纱。雨打芭蕉，让人不禁联想到烟雨江南：铜绿的大宅门门环、宣纸上的泼墨山水……

小楫轻舟，误入芙蓉浦。到了晚间，寻寻觅觅，渡鸟沙沙，静夜澄明流萤细语，别有一番仲夏夜景致。

大暑习俗

大暑为六月中，暑热至极。自古以来，大暑又有着怎样的风俗雅趣？

伏贴与伏食。伏贴意为俯首帖耳以对酷暑。老北京有谚曰："头伏饺子二伏面，三伏烙饼摊鸡蛋"，吃伏食则有"伏日作汤饼辟恶"之意。

河朔饮。三国曹丕《典论》里叙述了刘松与袁绍共饮的典故，故河朔有"三伏之际昼夜酣饮极醉，至于无知，云以避一时之暑"一说的"避暑饮"。

玩月。诗人元稹有一句"江树悬金镜，深潭倒玉幢"，故而除却春江花月、中秋桂月之外，农历六月十五玩月赏月亦不可略。泛舟湖上，待酷暑褪尽，以轻风月香度酒，周边睡莲红翠相偎，清芬相拥，岂不美哉？

夏天是雨季，每次迎来一场雨，都是给予庄稼人的恩赐，老天爷给他们放了假，不用下地干活。

大雨滂沱的天气里，当然也不会有亲朋好友的突兀造访，那稚童守着屋檐，看着水泱泱的院子，几片树叶在小水坑里打转，越是接近夜晚黄昏，池塘里的蛙叫声越是喧嚣，狗也不安生，四脚都是泥，浑身都是水，一股脑地随意甩动着……

而夏日渐渐老去，对于即将迎来的新秋，你有着怎样的展望？又或许，对于即将告别的炎夏，你是否有些许未曾释怀的心绪？

· 大暑节俗 ·

七夕 | 一生只爱一个人

七夕来源

七夕也就是农历七月初七，是中国的浪漫情人节。

七夕节，也有人称之为"乞巧节"或"女儿节"，在中国传统节日里，这是最富有浪漫色彩的一个，也是过去姑娘们最为重视的日子。在七月初七的夜晚，天气温暖，草木飘香，天上繁星闪耀，一道白茫茫的银河像天桥横贯南北，在河的东西两岸，各有一颗闪亮的星星，隔河相望，遥遥相对，那就是牵牛星和织女星。

牛郎织女是古代非常浪漫的神话故事。人们认为这个故事便是七夕节的由来。这一天，年轻的男女们纷纷出门，去约会自己的心上人儿。其实，"七夕"最早来源于人们对自然的崇拜。历史学家们发现，至少在三四千年前，随着人们对天文的认识和纺织技术的产生，有关牵牛星和织女星的记载就有了。

人们对星星的崇拜远不止是牵牛星和织女星，他们认为东西南北各有七颗代表方位的星星，合称二十八宿，其中以北斗七星最亮，可供夜间辨别方向。北斗七星的第一颗星叫魁星，又称魁首。后来有了科举制度，中状元叫"大魁天下士"。读书人把七夕叫"魁星节"，又称"晒书节"，保留了最早七夕来源于星宿崇拜的痕迹。

七夕节笼罩上浪漫主义色彩，是因为牛郎织女的故事在民间广为流传，让人们对爱情有了美好的期待。相传每逢七月初七，人间的喜鹊就要飞上天去，在银河为牛郎织女搭鹊桥相会。此外，七夕夜深人静之时，人们还能在葡萄架或其他的瓜果架下听到牛郎织女在天上的脉脉情话。所以每到七夕节，很多情侣都会在月下观望，非常浪漫，令人怦然心动。

七夕习俗

七夕这一天，男男女女都把保藏在心里的对美好爱情的憧憬，

通过一些活动表达出来。流传下来，便形成了浪漫的习俗：

乞巧活动。七夕节最普遍的习俗，就是妇女们在七月初七的夜晚进行各种乞巧活动。乞巧的方式大多是姑娘们穿针引线验巧，做些小物品赛巧，摆上些瓜果乞巧，各个地区的乞巧方式不尽相同，各有趣味。七夕乞巧的应节食品，以巧果最为出名。巧果又名"乞巧果子"，款式极多，主要的材料是油、面、糖、蜜。

拜织女。七夕的夜晚，如果少女们希望长得漂亮或嫁个如意郎、少妇们希望早生贵子等，都可以在月光下摆一张桌子，桌子上置茶、酒、水果、五子（桂圆、红枣、榛子、花生、瓜子）等祭品，还要在瓶子里插上鲜花和束红纸，花前置一个小香炉，就可以向织女星默祷，默念自己的心事。拜织女的少女们都要斋戒一天，沐浴停当。

染指甲。说到七夕染指甲可能很多人都会觉得奇怪，而在中国西南一带七夕的习俗就是染指甲，四川省诸多县以及贵州、广东两地，也有此风俗。许多地区的年轻姑娘，喜欢在节日时用树的液浆兑水洗头发，传说不仅可以让女性年轻美丽，而且还可让未婚的女子尽快找到如意郎君。用花草染指甲也是大多数女子与儿童在节日娱乐中的一种爱好，与生育信仰有密切的关系。

妇女洗发。平时洗头发是很平凡的事情，那么在七夕这天妇女洗发有什么不同的意义呢？传说在七夕这天取泉水、河水，就如同取银河水一样，具有洁净的神圣力量。女性在这天沐发，也就有了特殊意义，代表用银河里的圣水净发，必可获得织女神的护佑。

· 大暑三候 ·

腐草为萤，土润溽暑，大雨时行

大暑在六月中，"初后为小，望后为大"，小暑过后，便是大暑。

《山海经》里说大暑时节"正立无景，疾呼无响"，意思是，在烈日照射下，不仅身影看不见了，就连喊声也听不见了。炎热的杀伤力，由此可见一斑。宋人说"大暑去酷吏，清风来故人"，连酷吏也畏它三分。

最难受的不只是热，而是骄阳在上，湿气在下，熏蒸其中，如处蒸笼，正是现代人所谓的"桑拿天"。

大暑三候为，腐草为萤，土润溽暑，大雨时行。

腐草为萤是古人的一种误会，萤火虫非腐草所化，只是它们喜欢在有遮蔽性、多草且潮湿的地方生存罢了。萤火虫又叫

"烛宵""耀夜""夜照"等，这种只在夜间活动的生物，也是报秋的使者。当它们袅袅穿行于静夜时，凉爽的秋已经款款向我们走来了。

古代诗词中，流萤出现的频率很高，且都出现在与秋相关的诗词中，几乎是宫怨的象征。

最著名的莫过于杜牧的《秋夕》："银烛秋光冷画屏，轻罗小扇扑流萤。天阶夜色凉如水，坐看牵牛织女星。"青春荒凉如水，只能在消遣在扑流萤当中了。而"天回北斗挂西楼，金屋无人萤火流""玉露生秋衣，流萤飞百草"，无不在浓浓的秋意中流露出淡淡的愁。

夜色如织，秋心成愁，心是阴郁而冰凉的，这一切只有冷冷夜色中的萤火虫看得见。小小萤火虫，真成了寄托秋怨的最好生灵了。

二候土润溽暑，天气闷热，湿气浓重，蒸郁而令人难耐。

三候大雨时行，湿热交加，聚积到一定的程度，便时有大的雷雨出现。秋也就伴随雷雨到来了。

从二候中的湿气郁积，到三候中大雨时行，仿佛是顺理成章、水到渠成的事情。"一雨便成秋"，雨的到来，意味着秋正式登场了。

纵观大暑三候，无不透着秋的气息。世间万物的发展和变化，绝不是一蹴而就的，它们按照自己的规律和逻辑，在默默地运行着，潜滋暗长着。所有的到来，背后都有一个漫长的故事。

· 大暑诗词 ·

眼前无长物，窗下有清风

销夏

（唐）白居易

何以销烦暑，端居一院中。眼前无长物，窗下有清风。

热散由心静，凉生为室空。此时身自得，难更与人同。

白居易的销夏方式与众不同，没有水清荷香，没有竹露滴响，也没有微雨助凉。他的诀窍在于：心静。

"何以销烦暑，端居一院中。"找个安静的地方，先安坐下来，像入定的僧人一样，万虑息机。眼前所见是空无，唯有一缕清风从窗间吹来，或者更确切地说，是从心间吹来的。

修行在修心，心静自然凉。般若智慧也会从某个角落升起，像莲花般次第开放。

这种顿悟，可意会，难以言传。诗人在其中自得其乐，种种妙趣更与何人说？

摇晃的水总是浑浊的，当你将它静置一段时间后，再去看它，那水变得晶莹澄明了。
白居易的这个销夏法很好，值得心神晃动得厉害的现代人学一学。

白居易晚年笃信佛教，号香山居士，为僧如满之弟子。这段时间所写的诗，充满了退避江湖的闲适之气，这首诗当是晚年所作。

欲知应候何时节，六月初迎大暑风

萤

（唐）徐夤

月坠西楼夜影空，透帘穿幕达房栊。

流光堪在珠玑列，为火不生榆柳中。

一一照通黄卷字，轻轻化出绿芜丛。

欲知应候何时节，六月初迎大暑风。

大暑三候中，初候即"腐草化为萤"，古人认为萤火虫是腐草所化，喜欢生活在高温但潮湿的地方。大暑正值中伏，是一年最热的季节，同时多雨，萤火虫便应节气而生了。

萤火虫多生长在荒凉、杂草丛生的地方，因此给人的感觉是冷清、荒凉、孤寂。最早在《诗经》中出现，也不是文人墨客所喜爱的吟咏对象。杜牧的那句"轻罗小扇扑流萤"，将宫女的凄寂写活了。这首诗中，诗人表达的却是对萤的赞美之情。

童年记忆中，有几个意象是忘不掉，一是银河，一是萤火虫。夏夜纳凉，小扇轻摇着童年的时光，银河上牛郎织女的故事自然是少不了的。再就是田边、草丛中，飞舞着无数的萤火虫，看起来神秘而梦幻，像精灵一样。

生活在都市中的人恐怕连萤火虫见也没见过，生活在农村的人，现在也只能见到稀少的萤火虫了。生态环境的恶化，萤火虫，这种带着神秘色彩的精灵，也渐渐淡出了人们的视线和记忆中。

　　还好，六月是记得它们的，大暑是记得它们的，诗人是记得它们的。

　　　　　　　赤日几时过，清风无处寻

　　　　　　　　　　大暑

　　　　　　　　　（宋）曾几

赤日几时过，清风无处寻。经书聊枕籍，瓜李漫浮沉。

兰若静复静，茅茨深又深。炎蒸乃如许，那更惜分阴。

这首《大暑》诗意不足，而理性有余。

酷暑难当，人人都希望赤日早过，希望有清风慰藉。诗人在炎蒸如许的日子里，也无心珍惜光阴，读经研史了。躲进兰若寺的一方茅庐中，避开尘世的喧嚣，求得一片清静。

这暑热，逼得正襟危坐的理学先生也投降了。

"经书聊枕籍"，意思是将经书作枕。"瓜李漫浮沉"，瓜李比喻身处令人嫌疑的位置，这里理解为机诈也好，权谋也好，人世的扰攘也好，总之懒去管他了。从某种意义上看，人世的权变机诈、蝇营狗苟，才是真正乱人心、乱人性的毒药。诗人不过是借自然的酷暑，喻人世的纷争。而躲进静复静的兰若，深又深的茅茨，既是对自然酷暑的逃避，也是对人世纷争的逃避。

大隐隐于市，小隐隐于野。

诗人的兰若、茅茨之隐，终不能解决心灵的根本问题。

立秋 | 睡起秋声无觅处，满阶梧桐月明中

宋朝时，宫里在立秋有一个习俗，就是将种植在盆内的梧桐树搬入大殿，时辰一到，太史官便高声启奏："秋来了"，梧桐应声落叶，正是一叶落而知天下秋。

除了落叶，还有贾岛的"一点新萤报秋信"，暑气未尽而千百种虫已经感应到清气，在最后的夏夜"飞光千点"，发出鼎沸虫声。

寒气将至未至的初秋，一年中最富诗意的时刻就此来临了。

北国的秋最好，银杏渐黄，黄栌满树的红叶，天空真正的万里无云。枣子、柿子、葡萄，在街头巷尾渐渐熟坠，一点点感受收获的喜悦。

北方还有"咬秋"习俗，在立秋这天吃西瓜或香瓜，将秋咬住，表示酷暑的结束。但清秋短暂，再过不久又有尘沙灰土，以致这短暂的佳日更显珍贵。

南国的秋则来得缓慢，需要细心体会：二十四桥的明月夜，让人身心清凉；钱塘江的秋潮，普陀山的凉雾，最好是不期而遇；各处的残荷，雨声里意境尤佳。

这是诗词最多的季节，美丽、细腻而又幽愁暗生，所谓诗意，大概就

立秋

是如此。

清代在立秋这一天，会悬称称人，和立夏所称之数对比。如果体重轻了，今年夏天则为"苦夏"，人在盛暑往往食欲不佳，凉风一起，是时候补回些斤两。

而秋风一来，胃口又开，就要"贴秋膘"。立秋"贴秋膘"的说法来源清代《京都风俗志》：立秋日，人家亦有丰食者，谓之"贴秋膘"。

汪曾祺为此写过一篇文章，吃烤肉，羊肉切成薄片，大火烤着，一屋子人足蹬长凳，解衣磅礴，一边大口地吃肉，一边喝白酒。

比起诗人的秋天，俗世不论季节更替，都要用吃来感受这一切。或许对有些人来说，秋天的味道，就是烤肉香。

一候凉风至。经过大暑的大雨，暑气渐消，"一场秋雨一场寒"就是此刻。

二候白露降。"露从今夜白"，白是秋之标志，草木感知一年一度将凋零而忧，由此"露红凝艳数千枝"，亦成一种壮美悲怆。

三候寒蝉鸣。秋凉以后寒蝉发声困难，知生命将尽而变声凄厉。万事有迹可循，而动物往往更敏于感受自然的更替。

中元节｜同一个地方，安放着我们的灵魂，

寄托着我们的相思

七月十五，民间的鬼节，秋的身影逐渐清晰。

七月流火，酷暑刚过，花谢，瓜熟，蒂未落。秋风习习，稻黍散香，这是丰收的开端。一年的耕耘，我们愿意将收获的第一粒成果，献给我们思念而不曾再相逢的亲人。

所以，这是民间传统祭祖的日子。一缕香火，一桌贡品，供奉的是亲人，也是相思。虽然阴阳两隔，但是我们更愿意相信，他们依然在某个空间存在，他们依然可以以某种形式和我们相聚。

所以，我们相信鬼门的存在。鬼门七月初一开，七月十五关，期间，我们在道旁、河边点上灯，让他们找到各自回家的路，来享受我们供奉的食品和钱财。我们既希望他们在另外一个世界里丰衣足食，又希望他们能保佑我们在这个世界里平安无恙，一如在生之时，对我们的呵护与庇佑。

鬼节像是一个美丽而动人的谎言，寄托着我们的相思，也承载着人性最初的柔情。

七月十五，道教中叫中元节。道教中有三元：天、地、水。天官紫微大帝赐福，诞于正月十五，称上元；

地官清虚大帝赦罪，诞于七月十五，称中元；

水官洞阴大帝解厄，诞于十月十五，称下元。

中元节时节，地官清虚大帝下界，众弟子在人间广设道场。这一天，无论人还是鬼，有罪的可以祈求上天宽恕，无罪的可以消灾祈福。同时，十方孤魂野鬼都得超度，还人间一个清平世界。

七月十五，佛教中叫盂兰盆节。

　　"盂兰"梵语是"倒悬"的意思，已逝先人如若身有罪孽，就要在另外一个世界受倒悬之苦厄。善男信女备办百味饮食，广设盂兰盆供，供养僧众，可为在生父母添福增寿，可助已逝先人离苦海，登极乐，以报养育之恩。

　　也许，你是唯物的，相信我们源自尘土，最终归于尘土。如若如此，我们就不曾别离。

　　也许，你是唯心的，觉得先离开的人，是去了另外一个世界，既然如此，我们总会相聚。

也许，你有着不同的祭奠方式，这都不重要。重要的是，我们知道在某个宁静的地方，安放着我们的灵魂，寄托着我们的相思，柔和，安详。

· 立秋三候 ·

凉风至，白露降，寒蝉鸣

立秋，七月节。"斗指西南，维为立秋，阴意出地，始杀万物。按秋训示，谷熟也。"

生为春，熟为秋。春天是生长的季节，秋天是成熟的季节。熟为轻，秋天是轻盈的，秋高气爽，适宜登高望远。

春花秋月。花是繁，是暖。月是简，是清。秋天是清简的，带着肃杀之气，是以秋怀难耐，秋士易悲。

《说文解字》："秋，禾穀熟也。""秋"，从禾从火，其义是百谷成熟的季节。甲骨文的造字，更像一只蟋蟀，其本义是蟋蟀鸣叫的清冷季节。

立秋三候是，凉风至，白露降，寒蝉鸣。

凉风至。凉风是西风，肃清之风。凉，诉诸感觉。自立秋之日起，人们会明显感觉到凉意。俗话说："早上立了秋，晚上凉飕飕。"也许白日仍是酷暑难耐，甚至还有"秋老虎"，但早晚的温差已经有了，夜晚会有凉意浸润而来，凉爽的空气充斥了天地人间。

二候白露降。立秋过后，昼夜的温差让水蒸气凝结，形成一颗颗晶莹的露珠。"露，润泽也"，从它的造字上看，上面

为天，中间是水，下面代表着领地。古人认为露水是神水，夜晚自天悄悄降临，润泽万物，清晨又回到了天上。

"露从今夜白，月是故乡明"，当年的杜甫就是在立秋之夜的那颗小小的露珠上，那轮皎洁的白月里，泛起了浓浓的乡思，"有弟皆分散，无家问死生"，人在时序的变迁面前，是何其敏感而多情啊。

三候寒蝉鸣。蝉生命短暂，秋凉后发声困难，一变夏季的高亢热烈为凄切寒咽，仿佛已经预知自己短暂辉煌的生命将走向尽头，它们大放悲声。悲秋，注定少不了蝉声，注定是秋天奏鸣曲中的一支强音。

"踟蹰亦何留，相思无终极。秋风发微凉，寒蝉鸣我侧。"
这是曹植笔下的秋蝉。

"寒蝉凄切，对长亭晚。"柳永便是在寒蝉营造的凄切背景
下，与有情人"执手相看泪眼，竟无语凝咽"。

每个节气的物候，当我们的先民将它拈出来，作为行事生活
的指南时，他们不知道，这一切已成了一种文化的意象或符
号，成为中华文明长河之中的一股股清泉或暗流，滋养着并
壮大着它。

· 立秋诗词 ·

故人千万里，新蝉三两声

立秋日曲江忆元九

（唐）白居易

下马柳阴下，独上堤上行。

故人千万里，新蝉三两声。

城中曲江水，江上江陵城。

两地新秋思，应同此日情。

《方丈记》中说："我在世上已经了无牵挂，只对于时序节令的推移，还不能忘怀。"

时序节令的推移，总是让人变得分外敏感，伤春悲秋，也一直是中国诗歌传统中的主旋律。

这个立秋日，白居易想起了与他一起倡导"新乐府运动"的诗友元稹。

诗人在曲江江畔独行，三两声新蝉，提醒他又是一年秋来到了。恍惚中岁月飞逝，掩埋在心底的旧友旧情此时此刻不可遏制地泛起。故人远在江陵，只能叹一声"故人千万里"，继续在江堤上独自回味，独自前行。

若真是心有灵犀，想必远在江陵的好友，也一定会有感应吧。"两地新秋思，应同此日情"，他相信，朋友元稹也和他一样，在泛起的秋思中怀念着往日两人携手的浓浓友情。

一个在这头，一个在那头。

日子在这种牵挂和回味中，变得真实而耐人寻味。

一枕新凉一扇风

立秋

（宋）刘翰

乳鸦啼散玉屏空，一枕新凉一扇风。

睡起秋声无觅处，满阶梧桐月明中。

这首诗也是写秋思，且写黄昏时分的秋思。

秋心是愁，黄昏是愁，二者叠加，这诗中弥漫的是一种淡淡的愁，只是这个愁隐在意象中，眼睛看不见，心才能看见。

"一枕新凉一扇风"，诗人是这样来感受立秋的变化的。秋声在金风中、在雁鸣中、在寒蝉凄切中，但诗人没有写这些，他说秋声无处寻觅。他在"满阶梧桐月明中"看见了秋。

梧桐，是秋之代言人。看看古诗词中满篇满眼的梧桐，你就会明白。

春风桃李花开日，秋雨梧桐叶落时。西宫南内多秋草，落叶满阶红不扫。

无言独上西楼，月如钩。寂寞梧桐深院锁清秋。

我想梧桐应该是最具有季候特征的植物了。夏日里，它以阔大的树叶贮着满满的浓绿的热情。秋日里，它以最敏锐的触觉捕捉秋之气息，在第一阵西风来临时，便迅速作出反应，枯萎，凋零，干脆而又决绝。其兴也勃，其枯也速。因为盛大，来与去都招人耳目。生与死，都大张旗鼓。

你无法忽视它的存在，它的荣枯都很鲜明，见证着瞬息流转的光阴。

一凉欢喜万人心

立秋

（元）方回

暑赦如闻降德音，一凉欢喜万人心。

虽然未便梧桐落，终是相将蟋蟀吟。

初夜银河正牛女，诘朝红日尾觜参。

朝廷欲觅玄真子，蟹舍渔蓑烟雨深。

这首诗写得佶屈聱牙的，没有什么真正的诗意。诗中说"朝廷欲觅玄真子，蟹舍渔蓑烟雨深"，大致是表达自己不慕名利、隐世高蹈的姿态而已。

"心画心声总失真，文章宁复见为人。"如果从一首诗中去判断一个人真正的人品，是非常危险的。

立秋日到来，意味着暑气将退，凉意渐生。所以，在这一天，人们还是满心欢喜的，如同遇到大赦，上天普降德音一般。

一叶落而知天下秋，梧桐在秋天是最早落叶的。立秋日刚到，梧桐叶尚未落下，但已经能听到蟋蟀的鸣唱了。"七月在野，

八月在宇，九月在户，十月蟋蟀入我床下"，蟋蟀随节气迁徙，
对自然寒凉的变化比人要敏感得多。它们开始在屋檐下低唱，
意味秋真的来了。

立秋这个节气中有个重要的日子——七夕。牛郎和织女在这
一天，迢迢银河暗渡，金风玉露一相逢，便胜却人间无数。
前一夜还沉醉在牛郎织女的爱情中，次一日朝阳在尾宿和觜
宿参差之际冉冉升起。时光飞逝，让人产生恍如隔世之感。

正是这种无常之感，催生了诗人想高蹈遁世不问红尘的淡泊
之志，虽然只是一个姿态而已。

处暑 | 露蝉声渐咽，秋日景初微

处暑，虽然意为暑气到此为止，而事实上，或长或短，暑热还要持续大半个月左右。秋意只是缓慢地，渗透在渐凉的夜晚中和微凉的秋雨里。

但对于厌倦了苦夏的人来说，处暑已经到了，秋凉还会远吗？

秋水

"落霞与孤鹜齐飞，秋水共长天一色"。秋光清浅，秋明空旷，此时那水让天滤成净透，任何色彩都包含在它的清澈之中，杜甫写"秋水为神玉为骨"，白居易写"秋水渐红粒，朝烟烹白鳞"，皆意境深远。

秋云

竹风醒晚醉，窗月伴秋吟。早起凉意爬上胳膊，夏衣临晓薄，秋影入檐长。秋波正澄清，秋光轻浅，秋云委婉，正切秋水伊人之想。

处暑

秋声

欧阳修的《秋声赋》："星月皎洁，明河在天，四无人声，声在树间。"树声为悲，悲声越满，天越孤高。

食宜清润

处暑虽热，但已含秋燥之意。因此，处暑饮食宜以清淡滋润为主。时令水果如梨、葡萄、西瓜等。饮食宜适量，不可过饱，更不能贪凉饮冷，肆食辛辣油腻之品。

饮宜酸甘

秋气肃降，饮宜酸甘。酸梅汤是比较好的选择，酸梅汤酸甘而润，既能解暑祛热，又能生津止咳，且可收敛肺气，消食和中，除烦安神，是处暑时节的绝佳饮品。

心宜平静

处暑燥热，饮食是一面，更重要的是要时时观照内心，调整心境。慢下来，静下来，才能更好地顺应自然，与天地同生。

· 处暑三候 ·

鹰乃祭鸟，天地始肃，禾乃登

处暑，七月中。处，止，暑气至此而止。小暑造势，大暑渐炽，处暑便意味着暑气退伏潜藏，等待来年再登场了。

阳气催熟万物后自然退位，阴气开始弥漫。秋风渐肃。鹰感肃气击鸟而祭，万物收成而祀。一切整肃恭敬都为冬之休养作准备。

处暑三候是，一候鹰乃祭鸟，二候天地始肃，三候禾乃登。一候鹰乃祭鸟。小暑时候，鹰始挚，开始在长空中练习搏击飞翔。原来，这一切都在为处暑时节"祭鸟"作准备呢。处暑到来后，鹰自此日起感知秋之肃杀气，奋力捕杀猎物，以待冬日之需。秋是收获季节，对万物莫不如是。先民在秋收之后，要举行秋社，祭祀土地神，感恩并祈求来年的丰收。鹰莫非也有神性？它用自己的方式举行自己的祭祀。天地间的神奇，有时非人力所能理解。

二候天地始肃。"肃，持事振敬也。"肃的本义是依照礼仪虔敬祭祀，从甲骨文造字看，上半部代表律法、限制，下半部则表示从事祭祀活动的场所。肃字代表了人对天地的敬畏之心，同时也是秋之气象。天气因"肃"而清，因肃而有萧瑟气，因肃而杀气渐起。所以，便有了"秋诀"——在秋天收取囚犯的性命。

"天有四时，王有四政，庆、赏、刑、罚与春、夏、秋、冬以类相应。"春夏行赏，秋冬行刑。掌管刑罚的司寇称"秋官"便由此而来。
从五行来看，金对秋和西方，用金于秋，问斩于西门，便由此而来。

三候禾乃登。禾是五谷总称，登即成熟。天气肃杀，庄稼丰收。登，本义是手持盛满食物或粮食的器皿登上祭台。

先民有秋社的习俗。秋社一般在立秋后第五个戊日，这天官府与民间皆祭祀神。宋孟元老《东京梦华录·秋社》："八月秋社，各以社糕、社酒相赍送。贵戚、宫院以猪羊肉、腰

子、肚肺、鸭、饼瓜姜之属，切作棋子、片样，滋味调和，铺于板上，谓之'社饭'，请客供养。"宋吴自牧《梦粱录·八月》："秋社日，朝廷及州县差官祭社稷于坛，盖春祈而秋报也。"

三候都与虔敬的祭祀有关。"秋之以时，察守义也"，整肃虔敬，才是守义，是人在获得收成后应持的敬畏之心。

· 处暑诗词 ·

处暑无三日，新凉直万金

长江二首（其一）

（宋）苏泂

处暑无三日，新凉直万金。白头更世事，青草印禅心。

放鹤婆娑舞，听蝉断续吟。极知仁者寿，未必海之深。

"处暑无三日，新凉直万金"，直接写出了经历高温炙烤的炎炎夏日之后，诗人对秋凉终于到来的喜悦、感恩之心。

这首诗和方回的《立秋》立意和主旨都很相近。

"白头更世事，青草印禅心"，写出了一个深谙世事的老者，在看透人间风景后，保留了一份超然世外的禅心。仁者禅心，自有一份超然于时光之上的静默与淡定，这样的人，是堪与时光较短长的。

立秋日，初闻蟋蟀声。处暑日，则是"听蛩断续吟"了。秋，在蟋蟀的鸣叫声中，越来越近，越来越近。

何当金络脑，快走踏清秋

马诗（其五）

（唐）李贺

大漠沙如雪，燕山月似钩。

何当金络脑，快走踏清秋。

在悲秋的基调和主色中，李贺的这首诗一反常态，显得明丽而快意。

诗歌借马表达了他欲投笔从戎、削平藩镇、为国建功的热切愿望。

连绵的燕山岭上，一弯明月如钩。万里平沙，在月色的映照下，像是铺上了一层皑皑霜雪。这样的场景，开阔、辽远、清旷，带着些许寒气，为马的出场蓄足了势。

他问："何当金络脑，快走踏清秋？"什么时候才能披上威武的鞍鞯，在秋高气爽的疆场上驰骋？"清秋"，这个词读起来，音色纯美，带着脆生生的感觉。它是无形的，只能意会而不可言传。李贺偏要加上一个"踏"字，这想象新颖而又奇特，但又不失一种异样的美。

以天为背景，以地作战场，在清秋的肃杀中，逞男儿之豪雄，干一番顶天立地的事业，这才是真正的快意人生。哪怕是"角声满天秋色里"，哪怕是"霜重鼓寒声不起"，他依然要"提携玉龙为君死，报君黄金台上意"！

杀敌，杀敌！猎猎呼声一直在他的血液里沸腾，燃烧着他、催动着他。带着一种近乎宗教精神和理想主义的狂热，带着一种粗野的血性和玉石般的品格，他在呼喊着。

可惜，他一生未曾如愿。

因识炎凉态，都来顷刻中

处暑后风雨

（元）仇远

疾风驱急雨，残暑扫除空。因识炎凉态，都来顷刻中。

纸窗嫌有隙，纨扇笑无功。儿读秋声赋，令人忆醉翁。

这首诗写了处暑节气后的一场疾雨，将残留的暑热一扫而空。
炎与凉的转变，仿佛在一瞬之间。这让诗人想起了世态炎凉
之变，也在顷刻之间。

他正面写风雨之急，"疾风驱急雨"。侧面写风雨之急，"纸

窗嫌有隙，纨扇笑无功"。如此尤嫌不足，又拉来欧阳修的《秋声赋》，以状自己表达不出来的风雨之声威。

欧阳修的《秋声赋》，的确写得好！在如此精妙的文章面前，旁人实在无能为力了。

欧阳子方夜读书，闻有声自西南来者，悚然而听之，曰："异哉！"初淅沥以萧飒，忽奔腾而澎湃，如波涛夜惊，风雨骤至。其触于物也，鏦鏦铮铮，金铁皆鸣；又如赴敌之兵，衔枚疾走，不闻号令，但闻人马之行声。

一场秋雨一场寒，这也正是秋天的雨和其他季节的雨之不一样的地方。

白露 ｜ 露从今夜白，月是故乡明

吟白露最有名的诗句，当是杜甫《月夜忆舍弟》，
"露从今夜白，月是故乡明"。

白露之白，是因气温骤降，清露因沉浊而变奶白，
秋水因气温降而变蓝，荷叶渐残，都是幽美而感
伤的变化，加上中秋将至，还带上些许忧思。

明月易低人易散，相见时难别亦难。不论是身在
异乡，还是阖家团圆，都需珍惜当下能拥有的花
好月圆夜。

白露日，鸿雁来。鸿为大，雁为小，鸿雁二月北飞，
八月南飞。

白露后五日，玄鸟归。玄鸟就是燕子，燕去巢空
就无蝉了，渐渐山楂红了，柿子挂满树，槿花萎，
草根黄，初飞的落叶已经开始牵动离思了。

白露第三候"群鸟养羞"。羞就是美食，"养羞"
就是储藏食物，准备过冬。

白露养生。中医把四季当中出现的气候变化称为
"风寒暑湿燥火"，秋季的气候变化便是"燥"。

此时宜顺应天地规律，收心敛气。若有秋燥症状
出现也不必着急烦躁，可适当食用如蜂蜜、百合、
莲藕、山药、梨等柔润食品，以益胃生津，养肺
润燥。

八月初八·竹醉日。"散影成花月，流光透竹烟"。
陆游有诗，"曾求竹醉日，更闻柳眠时"，相传
这天竹醉，栽竹易活。另一说法是竹醉日为五月
十三。

八月十三·镜轮圆。月将满，镜轮圆，浮云若萍，
繁星若花，衬得月之高远。

八月十四·迎月。春分朝日，秋分迎月，古人早
已明白，只有日月遥遥相望时，月亮才会圆满，
此时月尚未圆，兔尚未腾，但有风泉虚韵，桂满
衬月孤。

· 白露节俗 ·

中秋 | 最是一年美满时

中秋，三秋至此为半，正是一年中最有诗意的时节。

所谓的诗意，多半略带沧桑孤冷，"中秋谁与共孤光，把盏凄然北望""西北望乡何处是，东南见月几回圆"……思乡、念人，在这样清光万里的节日里，最易照见这些倚窗傍檐的人。

从古到今，山水相隔总让人心生许多思念的情愫，故借明月寄相思。如今虽科技发达，但一通电话、一次视频，远不如就在身旁陪伴来得温情。

故人相聚，佳期杳无缘，当下与亲友相聚的月夜光景，都需倍加珍惜。

望舒。十五称"望"，古人认为，日月遥遥相望时，月才圆满。"前望舒使先驱兮，后飞廉之奔属"，"望舒"是驾驭月亮之神，"飞廉"则是驾风之神。

阙。古人称月为"阙"，阙是缺，缺待满，满复缺。十五为望，月末为晦，意思是明月尽，日仍在，故"月尽不尽"。初一为朔，是更新，新生；月精初生将尽都称为"魄"，十分魄为"圆"，"三更好月十分魄，万里无云一样天"。弯月为弦，一边曲一边直，如张弓之弦，"云掩初弦月，香传小树花"。

月饼。南宋始有月饼的记载，在吴自牧的《梦粱录》中，月饼是当时临安的"市食点心"，"四时皆有，任便索唤"。月饼与中秋联系起来始于明朝，田汝成《西湖游览志余》中已有明确记载，中秋民间已月饼相送，"取团圆之义"。

中秋赏月

赏月一直是中秋必不可少的活动之一，杜甫在《八月十五夜月》用象征团圆的十五明月反衬自己漂泊异乡的羁旅愁思。

除了杜甫之外，其他文豪也尤为钟爱赏月，苏轼在中秋之夜欢饮达旦，大醉之后，才有了《水调歌头》，也才有了"但愿人长久，千里共婵娟"这样的千古名句，借月之圆缺，喻人之离合。

直到今天，月亮依然代表着合家团圆，无论游子们身在何方，也无论游子们离家多远，到中秋之夜，所有人都会回家，从四面八方赶来，与父母团圆，赏月喝酒。

中秋养生

中秋气候凉爽干燥，空气中水汽欠缺，妨燥摄阴、滋肾润肺的食养原则不可忽视，少摄入辣椒、葱姜蒜等辛散食物，多摄入鸭肉、蜂蜜、糯米、芝麻、梨等柔润食品。

中秋亦要预防感冒。秋初暑气由盛而降，朝凉夜热，日夜温差变化大，到了十月左右，暑气渐退，但逢秋老虎发威时，天气又闷又热，这种凉热不定的气候，最容易感冒。

中秋宴俗

古时中国宫廷，盛行中秋宴俗，非常精雅。明代，宫廷盛宴会吃螃蟹。螃蟹用蒲包蒸熟后，众人围坐品尝，佐以酒醋。吃完之后，再喝苏叶汤。这汤，还可以用来洗手。在周围要摆满鲜花儿、大石榴以及其他时鲜，演出中秋的神话戏曲。

清朝，一般会在某一院内向东放一架屏风，屏风两侧搁置鸡冠花、毛豆、芋头、花生、萝卜、鲜藕。屏风前设一张八仙桌，上置一个特大的月饼，四周缀满糕点和瓜果。祭月完毕，按皇家人口将月饼切作若干块，每人象征性地尝一口，名曰

"吃团圆饼"。清宫月饼之大，令人难以想象。像末代皇帝溥仪赏给总管内务大臣绍英的一个月饼，便是"径约二尺许，重约二十斤"。

· 白露三候 ·

鸿雁来，玄鸟归，群鸟养羞

白露，八月节，阴气渐重，露凝而白也。

"白露秋风夜，一夜凉一夜。"白露之后，气温会有明显下降，一夜比一夜凉。

"蒹葭苍苍，白露为霜。所谓伊人，在水一方"，此时清露凝而白，像霜一样。极目远望，蒹葭苍苍，备显苍凉。

白露告诉我们，秋天的颜色是白。

白露三候是：一候鸿雁来，二候玄鸟归，三候群鸟养羞。

白露的节气三候，皆以鸟为表征。

一候鸿雁来。八月，鸿雁列着"人字阵"南征，秋高气爽，雁阵成行，望着南归雁，感于时节的游子旅人分外动心。

雁，在千百年中国文化中也是极富意味的意象，雨水三候中，我们已经见到它的身影了，那时是"鸿雁来"。到白露时分，配合着万物肃杀的气氛，它们以壮士一去不复返兮的壮美，要归往南方了。

秋天，也称为雁天。中国北方重要的关隘，称"雁门"。

二候玄鸟归。玄鸟即元鸟、燕子。燕子春分而来，秋分而去，它是北方之鸟，如今回北方为归。

三候群鸟养羞。羞，同馐，指美食。"玄武藏木荫，丹鸟还养羞"，众多的鸟感受到秋之肃杀之气，纷纷储备粮食过冬，同时长出厚厚的绒毛以御寒。所谓的"明察秋毫"即来源于此。万物顺应时节之变，自有它们的本领。

· 白露诗词 ·

玉阶生白露

玉阶怨

（唐）李白

玉阶生白露，夜久侵罗袜。

却下水精帘，玲珑望秋月。

这首诗写的是秋怨。

但全诗不见一个怨字，只是背面敷粉，在无言的幽静之中，通过景致和行为传达出弥漫在秋夜中的无限幽思。没有声嘶力竭的呼喊，显得优雅极了，却又有一种力透纸背的感染力。

这就是李白，其天才卓异之处，无人可及，也无法模仿。

玉阶，白露，有如梦幻般的色彩和意境。白露已生，夜已深，所以便有了下句"夜久侵罗袜"。一个"侵"字，似是在不知不觉中渗透的，可见女主人公全无觉察，沉溺在自己的思绪之中，很久，很出神，也很孤独。

"却下水晶帘，玲珑望秋月"，此时人已经从帘外到了帘内，夜太深只能归去。入室之后，却又难以消受无眠的相思之苦，只得隔帘望月，以消磨凄清孤独的漫漫长夜。一个"却下"，一个"望"，两个空谷传音的动作，将不怨之怨烘托到了极致。

白露含秋，滴落三千年的离愁。
秋越深，秋心越深。

露从今夜白，月是故乡明

月夜忆舍弟

（唐）杜甫

戍鼓断人行，边秋一雁声。露从今夜白，月是故乡明。

有弟皆分散，无家问死生。寄书长不达，况乃未休兵。

这首充满人间情味的诗，让我们隔着千年的时空，仿佛依然能触摸到诗人情感的温度。

"戍鼓断人行，边秋一雁声"，无边无垠的秋的寂寥与萧瑟，在断断续续的戍鼓声和雁鸣声中，越发浓重。

"有弟皆分散，无家问死生"，剪不断、理还乱的亲情和乡情，在频仍的战乱中是慰藉人心的珍宝，也是牵扯人心不忍说、不能说的永远的痛。

"寄书长不达，况乃未休兵"， 生和死，是天大的事，在乱世中，却薄如一张纸，轻如一鸿毛。关山阻隔，依然将一腔乡思和深情，寄在一封永远不知道能不能送达的信上。唯如此，才能给离乱中摇摆不定的心一点微薄的希望。

故乡还在，希望还在，人才有勇气在阴晴不定、不知归路的征途上找得到支撑。

所以，我们理解他说的"露从今夜白，月是故乡明"！
露，未必是从今夜才白的，只是今夜泛起的乡思让人对时序变迁格外敏感。月，未必是故乡的明，月无偏私普照天下，

只是今夜的一片至情熔铸在这轮明月当中，让它分外耀眼。在一个眷恋故乡的人的眼里，月是故乡明，水是故乡甜，景是故乡美，乡音也是故乡的最动听。

一句"露从今夜白，月是故乡明"，道出了普天下寻觅归乡之路的游子心底最隐秘的呼唤。真希望他能循着旧时路途，魂兮归来。

那时故乡的小径，故乡的月夜，月夜下泛着银光的小山坡，或是地头上的一只犁，都在天边等着你。

明月皎夜光

佚名

明月皎夜光，促织鸣东壁。玉衡指孟冬，众星何历历。

白露沾野草，时节忽复易。秋蝉鸣树间，玄鸟逝安适？

昔我同门友，高举振六翮。不念携手好，弃我如遗迹。

南箕北有斗，牵牛不负轭。良无磐石固，虚名复何益？

王国维对《古诗十九首》赞赏有加，认为它全在于一个"真"字。这首诗，称得上"以血书者"，情真、意真。

时序的变迁总能激起诗人情感的涟漪，尤其是秋这个特殊的时节。

这首诗前八句写月下秋景，很静。偶有促织鸣东壁，秋蝉鸣树间，更添其静。后八句抒情，很躁，盘旋着一股郁勃不平之气。

一个不眠的秋夜。低头见皎洁的月色，笼罩着世间万有。抬头看，玉衡星的斗柄正指向十二方位中的"孟冬"，闪烁的星辰，在幽蓝的天幕上，眨着眼睛。耳边是寒蝉在树间唱着最后的秋之挽歌，叽叽喳喳的燕子却早已不见了踪影。

露珠在草尖上，泫然欲坠，像个精灵。仿佛提醒着诗人，哦，逝年如水，转眼间已是深秋白露时节。

年华忽忽而去，人却在时光的裹挟下，一无所成。
他陷入无限惆怅与凄怆的情绪中，心中的不平之气，如绵绵江水，一发而不可止。

昔日的同门好友，个个飞黄腾达。平步青云后的他们，视自己为走过的痕迹，不屑一顾。

更为讽刺的是，当他带着被抛弃的余怒仰望星空时，偏偏又瞥见了那名为"箕星"、"斗星"和"牵牛"的星座。《小雅·大东》："维南有箕，不可以簸扬；维北有斗，不可以挹酒浆""睆彼牵牛，不以服箱（车）。"所谓的旧友，如同天空中的星斗，皆有虚名而无实用！

世态炎凉如斯！往日的旦旦誓言，被丢弃在风中。磐石无转移，人心却如水。

看透了这一层，汲汲追求的虚名，又有何益？
虚名是一个下贱的奴隶，在每一座墓碑上说着谀媚的诳话，倒是在默默无言的一抔荒土之下，往往埋葬着忠臣义士的骸骨。

秋分 | 世间美妙始于春，盛于夏，成于秋

"欲说还休，却道天凉好个秋。"凉风侵袭的秋天季节，让一个豪情满怀的词人心生愁绪，就如林黛玉在怡红院贾宝玉寿诞上掣得的芙蓉花签的题词"风露清愁"那样，易逝之物，总是能勾起人的伤感之情。

秋分至，代表九十天的秋天过半。而在冬至来临之前，这是万物享有的最后一点生命的鲜艳，又如何不引人心生衰愁呢？

秋分三候

雷始收声。秋分之日"雷始收声"，雷二月阳中发声，阳光开始明媚。八月阴中入地收声，阳光随之衰微。前半秋，秋云迢迢，秋霞烂漫；后半秋，阴风四起，秋雨缠绵，秋虫残鸣。

蛰虫坯户。后五日，"蛰虫坯户"。"忽忽远枝空，寒虫欲坯户。""坯"在这里是"培"的意思，虫类受到寒气驱逐，入地封塞巢穴，提前告别残秋，准备冬眠。

水始涸。再五日，"水始涸"，涸是干涸，水气的影响，春夏水长，到秋冬干涸。

秋分风物

中秋之后，最是一年菊黄蟹肥时，秋水涟涟处，丹桂飘香时，美食相佐，妙不可言。

嗜蟹如命的李渔，说螃蟹"鲜而肥，甘而腻，白似玉而黄似金"，所有食物可以他人代劳，唯螃蟹需自己动手才有味。相比而言，苏东坡一句"半壳含黄宜点酒，两螯斫雪劝加餐"，则让美食平添了几分诗意。

遥想红楼蟹宴，史湘云做东，薛宝钗家埋单，请贾府上下老幼女眷在大观园中吃蟹赏桂。大家在席间饮酒、谈笑、赋诗，真是良辰、美景、赏心、乐事，四美俱全。

秋分养生

春分与秋分都是昼夜平分，一个"分"字体现出这个节气的最大特点——阴阳平衡。这个时节，人要与自然相应，注意身体阴阳的平衡，"虚则补之，实则泻之，寒者热之，热者寒之"。此时，可多食石榴、白萝卜、芝麻、银耳、蜂蜜等物，以润燥增辛。

随着阳光减少，人们悲愁情绪上升，有"秋风秋雨愁煞人"之说。此时宜"登高望景"，秋海棠花开，秋烟升起，都是好景，与友人踏秋、闲谈，都是抒发胸怀、解除愁苦之法。

重阳节 | 无限青山行已尽，回看忽觉远离乡

万花丛中，陶渊明独爱菊。而说到赏菊，就不得不说重阳。

陶渊明曾在诗序中写道："余闲爱重九之名，秋菊盈园，而持醪靡由，空服九华，寄怀于言。"对菊花与重阳佳节的喜爱，溢于言表。

北宋时期全真教的祖师爷王重阳十分仰慕陶渊明，特意给自己改名为"知明"，号"重阳子"。

重阳佳节，赏菊、饮酒、作诗，历来为文人墨客所喜爱。

也有人在这一天登高望远，秋高气爽，愁绪万千。游子思乡之心，于此时尤甚。

重阳自古是佳节

在《易经》中，阴爻题为"六"，阳爻题为"九"，九月九日，日月并阳，两九相重，故叫重阳（亦叫重九）。

重阳节具体起源于何时，已不可考。可以肯定的是，早在两千多年前的先秦，人们已经在这一天举行一些重要的祭祀活动。

九月深秋，五谷丰登，人们祭奉天神、先祖，感谢恩德，祈求来年再丰收。

据《西京杂记》记载，西汉宫里："九月九日，佩茱萸，食蓬饵，饮菊华酒，令人长寿。"菊华酒，即菊花酒。

蓬饵的"饵"，就是糕的意思。扬雄《方言》称"饵谓之餻"，"餻"乃"糕"的本字，所以蓬饵应该是最早的重阳糕。

南朝吴均所写的《续齐谐记》，则对重阳节的起源和习俗做了更为详尽的记载。

相传东汉时的豫州汝南，有个叫桓景的人，跟着著名的方士费长房游学多年。某天，费长房告诉桓景说："九月九日，你家会有灾祸，赶紧组织家人离开，让他们在手臂上佩戴茱萸，然后登高饮菊花酒，这样才能消灾。"桓景听了费长房的话，全家出门登山，夕阳西下时，他们回来，发现家里的鸡犬牛羊全部暴死，费长房说："没事了，它们代替你们死掉了。"于是，人们都在九九重阳这天，登高、饮酒、佩戴茱萸，以祈消灾。

到了唐朝，重阳被定为正式的节日，全民同庆，一直延传至今。

时光易逝人易老

重阳还有健康长寿的寓意。古人们选择这一天举行宴会，吃重阳糕，饮菊花酒，延年益寿。

魏文帝曹丕，曾在重阳节给钟繇送了一束表达情谊的菊花，他在信中说："岁往月来，忽复九月，为阳数而日月并应，俗嘉其名，以为宜于长久，故以享宴高会。"

"九"谐音"久"，加之菊花蕴含天地精华。故而人们在这

天饮菊花酒，延年益寿。《太清诸草木方》也记载说："九月九日，采菊花与茯苓松柏脂丸服之，令人不老。"

1989 年，中国把重阳节这天定为"敬老日"、"敬老节"。

每逢佳节倍思亲

重阳是佳节，秋高气爽，云淡风轻，登高远望，自然愁绪万千。因此，重阳节成了古代诸多文人墨客吟诵对象，以此抒怀。

最为脍炙人口的莫过于王维的一首《九月九日忆山东兄弟》：

独在异乡为异客，每逢佳节倍思亲。

遥知兄弟登高处，遍插茱萸少一人。

当时，王维才十七岁，独自在洛阳与长安之间漂泊。

翻开中国古典诗词，从来不乏歌咏重阳佳节的名篇。

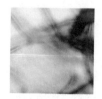

· 秋分三候 ·

雷始收声，蛰虫坯户，水始涸

《春秋繁露》中说："秋分者，阴阳相半也，故昼夜均而寒暑平。"这一天，地球上白天和黑夜平分，各占十二个小时。秋分的到来，也意味着九十天的秋天过了一半。自此之后，阴气越来越重，夜越来越长。

秋分是美好时节，劳者果实满仓，大地披上金装。秋高气爽，蟹肥菊黄，其美不亚于春色，故有"平分秋色"一词。

秋分三候是：雷始收声，蛰虫坯户，水始涸。

雷始收声。古人认为雷声是阳气盛而发声，二月阳中发声，自此阳光明媚。八月阴中入地收声，阳光随之衰弱。秋分过后，阴气日盛，自然就不会打雷了。

阴盛则雷收，所以冬季更不可能有雷声了。汉乐府《上邪》中列举了种种不可能的自然现象，以证誓言之坚，其中一种便是"冬雷阵阵夏雨雪"。

二候蛰虫坏户。坏，本意是细土，这里是说天气变冷，虫类受寒气驱逐，开始入地封闭洞穴，并用细土将洞口封起来以防寒气入侵。看来，它们准备进入冬眠状态了。

三候水始涸。涸，即干涸。秋分后，随着降雨量的减少，天气干燥，湖泊与湖流中的水量渐渐变少，有时甚至干涸。

雷收声，虫坯户，水也藏于地底，万象都处在敛与藏的状态中，以待严寒来临了。

人顺应天时，该如何自处呢？当然离不开"收养"原则。此时节当养精蓄锐，重视内守；当静心自持，韬光养晦，以对付"秋燥"。正所谓静为燥君。

春生春种，秋收秋敛。
春，万物都在生发，都有无限可能。秋，万物都在收敛，在告别。

人无往而不在天道循环之中。

每逢佳节倍思亲

九月九日忆山东兄弟

（唐）王维

独在异乡为异客，每逢佳节倍思亲。

遥知兄弟登高处，遍插茱萸少一人。

秋分时节，正值重阳。

王维的这首《九月九日忆山东兄弟》，是写重阳节的千古佳作。它质朴，却深厚、丰富。刘学锴先生关于此诗的分析很精当，摘要如下：

王维家居蒲州，在华山之东，所以题称"忆山东兄弟"。写这首诗时他大概正在长安谋取功名。繁华的帝都对当时热衷仕进的年轻士子虽有很大吸引力，但对一个少年游子来说，毕竟是举目无亲的"异乡"；而且越是繁华热闹，在茫茫人海中的游子就越显得孤孑无亲。

在自然经济占主要地位的封建时代，不同地域之间的风土、人情、语言、生活习惯差别很大，离开多年生活的故乡到异地去，会感到一切都陌生、不习惯，感到自己是漂浮在异地生活中的一叶浮萍。"异乡""异客"，正是朴质而真切地道出了这种感受。

作客他乡者的思乡怀亲之情，在平日自然也是存在的，不过有时不一定是显露的，但一旦遇到某种触媒——最常见的是"佳节"——就很容易爆发出来，甚至一发而不可抑止。这就是所谓"每逢佳节倍思亲"。佳节，往往是家人团聚的日子，而且往往和对家乡风物的许多美好记忆联结在一起，所以"每逢佳节倍思亲"就是十分自然的了。这种体验，可以说人人都有，但在王维之前，却没有任何诗人用这样朴素无华而又高度概括的诗句成功地表现过。而一经诗人道出，它就成了最能表现客中思乡感情的格言式的警句。

后两句，紧接着感情的激流，出现一泓微波荡漾的湖面，看似平静，实则更加深沉。

诗人不是一般化地遥想兄弟如何在重阳日登高，佩戴茱萸，而自己独在异乡，不能参与，却从对面着笔，说："遍插茱萸少一人。"意思是，远在故乡的兄弟们今天登高时身上都佩上了茱萸，却发现少了一位兄弟——自己不在内。好像遗憾的不是自己未能和故乡的兄弟共度佳节，反倒是兄弟们佳节未能完全团聚；似乎自己独在异乡为异客的处境并不值得诉说，反倒是兄弟们的缺憾更须体贴。

蟋蟀当在宇，遽已近我床

秋分后顿凄冷有感

（宋）陆游

今年秋气早，木落不待黄，蟋蟀当在宇，遽已近我床。

况我老当逝，且复小彷徉。岂无一樽酒，亦有书在傍。

饮酒读古书，慨然想黄唐。耄矣狂未除，谁能药膏肓。

秋分日，昼夜均而寒暑平。自此后，昼短夜长，凉意也越来越深。

对陆游来说，今年的秋天似乎来得比往日更早。树叶尚未枯

黄，就纷纷投向大地的怀抱。蟋蟀本当在房屋里，忽然已来
到了他的床边。时光过得太快，对一个垂垂老者来说，更是
让人怵目惊心。

走在人生的边上，生命中的峥嵘突兀，似乎都被磨平了，一
切即将水落石出。能做什么呢？饮酒，读书，逍遥度日而已。

只是他读书读出了一股狂气。"饮酒读古书，慨然想黄唐"，
黄唐之淳质，是他心目中的桃源胜境。而偏安一隅的南宋，
苟延残喘，哪能实现他心目中承平治世的高古理想呢？只是，
这点理想的火种，一直在他心底燃烧着，从未曾熄灭。就算

是一种病吧，病入膏肓，无药可救。

亘古男儿一放翁，真不是浪得虚名。

闻一多先生说："痛饮酒，熟读《离骚》，便可称名士。"
如果以此标准来衡量，陆游也称得上名士了。

在衰飒暮秋中，陆游一反常态。生命中的那点真气，让人感佩不已。

万态深秋去不穷，客程常背伯劳东

道中秋分

（清）黄景仁

万态深秋去不穷，客程常背伯劳东。

残星水冷鱼龙夜，独雁天高阊阖风。

瘦马羸童行得得，高原古木听空空。

欲知道路看人意，五度清霜压断蓬。

秋，本是一个多愁多感的季节。对一个一生漂泊不定、沉沦下僚却又死死抱着一身傲骨、狂放不羁的人来说，更是愁上加愁。

"似此星辰非昨夜，为谁风露立中宵""十有九人堪白眼，百无一用是书生"，这些著名的诗句都出于黄景仁之手。但对他潦倒而郁郁的一生，又有几个人知道呢？

这首《道中秋分》，依然充满了啼饥号寒的愁苦之音。不知道他从哪里来，也不知道他要去向哪里，只知道寒来暑往，春去秋来，他总是"客程常背伯劳东"，总是看着天空的雁阵朝着既定的南方归去，而自己的南方却不知道在哪里。总是伴着瘦马和羸童，马不停蹄地独行在高原古道的空旷中，空空荡荡的回音，让人的心也空洞得无边无际。

"五度清霜压断蓬"，五个秋天都如断梗飘蓬客居异乡，他记得清清楚楚。

春有时，秋有时，四季有时。
来有时，去有时，怀抱有时。

世上万事万物莫不有时，唯独他的归宿，在哪里呢？已过的五年，已经过去。真正让人不安而恐惧的，是未知，是不确定，是前路茫茫而不知方向。

273

寒露 | 萧疏桐叶上，月白露初团

寒露寒露，不言而喻，气候将从凉爽转为寒冷，露水渐渐凝结成霜。此时燥邪当令，需注意滋阴润肺，更宜早卧早起，顺应阳气舒达，确保健康。

寒露谚俗

史书记载："斗指寒甲为寒露，斯时露寒而冷，将欲凝结，故名寒露。"由于寒露的到来，气候由热转寒，万物随寒气增长，逐渐萧落，这是热与冷交替的季节。

民谚有"先白后寒"之说。白露过后，寒露前后进入深秋，白天晴空万里，夜间气温下降明显，所谓"一场秋雨一场寒，轻罗已薄需更衣"，正指寒露前后的气温。

寒露三候

寒露分三候：一候鸿雁来宾；二候雀入大水为蛤；三候菊有黄华。

初候鸿雁来宾，时至寒露，鸿雁南迁，有种说法是宾同"滨"，即水边，意思是鸿雁都飞往江南水滨；

二候，雀入大水为蛤，深秋天寒，雀鸟都不见了，古人看到海边突然出现很多蛤蜊，并且贝壳的条纹及颜色与雀鸟很相似，便以为是雀鸟变成的；

三候的"菊始黄华"，菊花此时已经盛开。

宜滋阴润燥

寒露之后，燥邪当令，肃杀之气明显。寒露虽寒，气候却是一年中最为燥热的时节，寒露前后是秋食进补最好的时机，对症才能下药，若乱食，则伤大气。

古人取杏仁生食，可活血、治热病、散体热。除生食三妙之余，佐菜还可止血、清肺，当属秋季第一食。

《本草纲目》提到，莲子平和温良，但清热唯有清心莲子，莲子是元气之母，秋露之时食用可调养心肺。莲心虽苦，却有清热除烦、安神之强效，若两者佐食，相得益彰。

宜早卧早起

《黄帝内经·素问》有文：秋三月，宜早卧早起，与鸡俱兴。寒露之后，燥邪当令，肃杀之气明显。心气充沛则身心安宁，心静自然凉，小憩片刻，得到清凉之余也带来更充沛的体力。

· 寒露节俗 ·

祭祖节 | 哀思唯此一恸，饮水不忘思源

说起中国的鬼节，大部分人想起的，要么是春季的清明节，要么是秋季的中元节。而第三个鬼节"祭祖节"，似乎渐渐不为人所熟知。

祭祖节，每年农历十月初一，又称"十月朝"、"冥阴节"、"寒衣节"。这一天，也正是步入严冬的第一天。

《诗经·豳风·七月》有言"七月流火，九月授衣"，九月起天开始逐渐冷了。农历十月，冬风乍起，也许，当人们白天穿上棉袄，晚上添盖棉被的同时，突然想起逝去的亲人们，他们是否受冻？他们也该添加衣裳了。

于是买来五色纸糊成寒衣，希望焚烧后送往阴曹地府，供过世的亲人御寒，名曰"十月一，烧寒衣"。

祭拜活动——烧寒衣

这一天，祭拜家属会买一些五色纸及冥币、香箔备用。五色纸乃红、黄、蓝、白、黑五种颜色，中间夹着棉花。家属于坟前，焚香点烛，点火焚烧。

当然，区域不同，各个地方的寒衣节祭拜活动有所不同。

比如，晋南地区讲究在五色纸里夹裹棉花，意为为亡者做棉衣、棉被使用；

洛阳话有云："十月一，油唧唧。"祭祖节这天，人们要烹炸食品，剁肉、包饺子，作为供奉祖先的食品；

南京地区则将冥衣装一红纸袋里，上面写明亡者的身份，在堂上祭奠一番后焚化。此时又是赤豆新摘，将红豆、糯米等做成美食让祖先尝新，也是孝敬祖先的一种重要的方式。

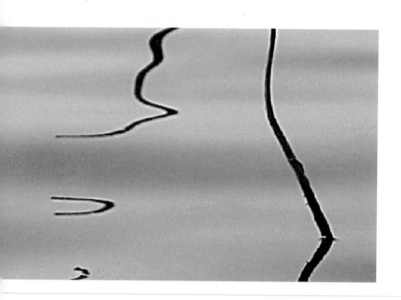

祭祖节的习俗

赏菊

祭祖节前后，正是菊花盛开之际。菊花，延年益寿之花，高洁韵淡，凝霜不凋，深为人们喜欢赞美。

金秋十月，天高云淡，篱前花开，片片金黄。

明代的《陶庵梦忆》有载："兖州绍绅家风气袭王府。赏菊之日，其桌、其炕、其灯、其炉、其盘、其盒、其盆盘、其看器、其杯盘大觥、其壶、其帏、其褥、其酒；其面食、其衣服花样，无不菊者夜烧烛照之，蒸蒸烘染，较日色更浮出数层。席散，撤苇帘以受繁露。"可见赏菊盛况。

民间素有赏菊习俗。花市赛菊、插菊花枝、挂菊花灯、饮菊花酒、拜菊花神、吟菊花诗等习俗，历久弥新，菊文化已深深扎根于文人才子的生活中。

打霜降

在清代以前，祭祖节前后还有一种鲜为人知的风俗——打霜降。

按古俗，每年的立春是开兵之期，霜降是收兵之期。霜降又和祭祖节临近，在祭祖节前后，府、县的总兵和武官们都要全副武装，浩浩荡荡地举行收兵仪式，以期祓除不祥，祈求天下太平。这天的五更清晨，武官们会集庙中，行三跪九叩首的大礼。礼毕，列队齐放空枪三响，然后再试火炮、打枪，谓之"打霜降"。百姓们相信，武将在"打霜降"之后，司霜的神灵就不敢下霜危害本地的农作物了。

祭祖节期间的打霜降，表现的正是人们求福祈祥盼丰收的愿望。

· 寒露三候 ·

鸿雁来宾，雀入大水为蛤，菊有黄华

寒露，九月节。此时"露气寒冷，将凝结也"。《诗经》说："七月流火，九月授衣"，七月火星西沉，九月天气从凉转为冷，要开始准备寒衣了。

寒露三候是，一候鸿雁来宾，二候雀入大水为蛤，三候菊有黄华。

鸿雁来宾。此时节鸿雁排成人字形大举南迁，回到旅地。后至者为宾，白露时节鸿雁已开始南飞，寒露时节，已是最后一批雁了，故而称鸿雁来宾。

鸿雁已是第三次出现在节气物候中了。"秋色萧条，秋容有红蓼；秋风拂地，万籁也寥寥。唯见宾鸿，冲入在秋空里，任逍遥。"一队队缓缓飞行的大雁，承载着人们对亲人、对故乡的思念，向着南方，飞过长满芦苇的江水，消失在天的尽头。南归的大雁，传递了先民们多少遥远的思念。

二候雀入大水为蛤。深秋时节，雀鸟或南迁或隐匿，海边却忽然多了很多蛤蜊，它们的条纹和颜色很像雀鸟，古人便误以为它们都是雀变成的。虽然是个错误，却依然包含着阴阳转换的天道。雀为阳，蛤为阴，雀化为蛤，进一步表明阴气加重，天气变冷。

三候菊有黄华。菊是草木之中应阴气而开的花。菊有黄华，正应晚秋土旺之时。

菊在中国文化中占有重要地位，它与梅、兰、竹并称为"四君子"。它历经风霜却高风亮节，成为坚强人格的象征。

陶渊明"采菊东篱下，悠然见南山"，使得它成为花中隐士，也成为千古隐逸人格的象征。

屈原"朝饮木兰之坠露兮，夕餐秋菊之落英"，使它成为高洁人格的象征。

"冲天香阵透长安，满城尽带黄金甲"，黄巢又赋予它烈士的象征。

重阳赏菊，重阳过后，菊花渐凋，成为无用或过时的象征，于是，便有了"明日黄花"一词。

寒露入暮愁衣单

八月十九日试院梦冲卿

（宋）王安石

空庭得秋长漫漫，寒露入暮愁衣单。

喧喧人语已成市，白日未到扶桑间。

永怀所好却成梦，玉色仿佛开心颜。

逆知后应不复隔，谈笑明月相与闲。

这首诗是一首记梦诗。梦里王安石与宰相吴允冰释前嫌，消除隔膜，在明月清风之下握手言欢。

这个时人眼中的"拗相公"，这个为变法而置滔天洪水于不顾的铁血宰相，这个说"天变不足畏，祖宗不足法，人言不足恤"的敢冒天下之大不韪者的王安石，内心也有如此脆弱的一面。而这份脆弱的流露，恰显示了人性的真实。这样的王安石，让人觉得分外心痛。

"空庭得秋长漫漫，寒露入暮愁衣单"，写的是实景。秋似乎太长太长，寒露入暮时分，人倍感寒凉。也可以理解为王安石的心境，蒙天下之诟，执意变法，势单力薄，他内心不是没有动摇的时候，不是没有脆弱的时候，只是轻易不示于人。只有孤身一人或在梦里的时候，才能放纵自己的压抑。

脆弱，是因为坚强得太久。

梁启超说他 "以不世出之杰，而蒙天下之诟"，固然是惺惺相惜。读了寒露时节的一场梦，我们分明看到了一个英雄的落寞与软弱，不由得穿越时空，遥祝他：梦想成真！

丛菊两开他日泪，孤舟一系故园心

秋兴八首（其一）

（唐）杜甫

玉露凋伤枫树林，巫山巫峡气萧森。

江间波浪兼天涌，塞上风云接地阴。

284

丛菊两开他日泪，孤舟一系故园心。

寒衣处处催刀尺，白帝城高急暮砧。

《秋兴八者》是杜甫晚年为逃避战乱寄居夔州时的代表作品。

秋兴即遇秋而遣兴，感秋而生情。这首诗"嵯峨萧瑟，真不可言"，实在是妙得让人不敢多说一字。

全诗以"秋"为统帅，将暮年飘泊、羁旅江湖的身世蹉跎之感与目睹国家残破却无能为力、只能遥忆京华的家国无常之慨融合在一起，意境沉雄而悲壮，读来令人荡气回肠。

起句"玉露凋伤枫树林，巫山巫峡气萧森"，总领巫山巫峡的秋声秋色，用阴沉萧瑟、动荡不安的景物环境奠定了诗人焦虑抑郁、伤国伤时的情感基调。

接着用对偶句展开"气萧森"的悲壮景象。波浪在地而兼天涌，风云在天而接地阴，可见整个天地之间风浪汹涌，极言阴晦萧森之状。而景物之中又贯注着诗人对时局动荡不安、个人前途未卜的忧思与郁勃不平之气。

"丛菊两开他日泪",去年对丛菊掉泪,今年又对丛菊掉泪,去年如此,今年又如此,羁留夔州之心境可想而知。"孤舟一系故园心",从云安到夔州苦苦挣扎了两年,心系于故园,就像舟系于岸。拳拳之心,天地可鉴。

尾联在时序推移中叙写秋声。白帝城高高的城楼上,晚风中传来急促的砧杵声,人们都在加紧赶制寒衣了。寒衣寄给游子,游子几时得归?羁旅之情更是难以为怀,只是这一腔愁绪无人可寄,只能随着晚风中的砧杵声,向着故园的方向吹送。

一声一声,敲打着他的心。

不是花中偏爱菊,此花开尽更无花

菊花

(唐)元稹

秋丛绕舍似陶家,遍绕篱边日渐斜。

不是花中偏爱菊,此花开尽更无花。

寒露时节正值九月，九月是菊花的天下。

陶渊明"采菊东篱下，悠然见南山"的名句，使菊花成了超凡脱俗的隐逸者之象征。元稹借菊花则昭示自己孤高坚贞之品质。

他说自己的家，丛菊绕舍，简直像陶渊明家了。丛菊绕舍，他则遍绕篱边，直至日之将夕，还浑然不觉。爱菊之情，以此为甚！

"不是花中偏爱菊，此花开尽更无花"，点明了诗人爱菊的原因。时至深秋，百花尽谢，唯有菊花能凌风霜而不凋，而诗人爱它的也正是这种不屈而高洁的品性。

其实，菊花开后还有花。真正的"岁寒三友"、凌霜傲雪的是"松、竹、梅"，梅花更在菊花后。只是这里毋需计较理真不真，只看诗人的情真不真，也就包容他的强词夺理了。

九月有重阳节，这天，人们有插茱萸、饮菊花酒、登高望远、赏菊的习俗。

霜降 | 在这越来越寒凉的世界里，活出一点温度来

我们时常感慨，时光如白驹过隙。

昨天还是骄阳似火的夏天，今天在飘落的黄叶里，已经只看到了残秋模糊的背影。

霜降，秋天的最后一个节气。天气由凉变冷，"气肃而凝，露结为霜矣"。

霜降到了，初冬也就在眼前了。

两千多年前，有一个男子，站在水边，痴痴思念着心爱的人儿。

见芦花泛白，苇丛起伏，荡然心动，情难自禁，低声浅唱"蒹葭苍苍，白露为霜。所谓伊人，在水一方"。

四季更替，时节变换，需要格外注意身体。

家中的慈母，远方的游子，又多了一份牵挂。

霜降三候

霜降

智慧的中国祖先将"五天"称为"一候"，一个节气分为"三候"，还根据气候特征和特有现象，为"三候"分别取了意义悠长的名字。

霜降亦是如此：

一候豺乃祭兽。天气转寒，五谷归仓，豺狼也开始捕获猎物准备过冬。

二候草木黄落，秋风萧瑟，草木枯槁，树叶凋落。

三候蜇虫咸俯，很多动物开始蜷缩在巢穴里，一动不动，停止进食，以它们特有的方式迎接冬天的到来。

霜降三候所传递的是大自然美妙的语言和深邃的哲理。既有万物众生在世间生存的本能智慧，也有人们对生命的意义思考：虽为豺狼，亦当心存感念，方可获得心灵的安宁和救赎。

霜降养生

夏天避暑修新竹，六月乘凉摘嫩菱。

霜降鸡肥常日宰，重阳蟹壮及时烹。

到了霜降，正是吃吃吃、补补补的好时候。

经霜打过的蔬菜，比如萝卜、菠菜、白菜，吃起来味道更鲜美。风林露圃天欲霜，柿红枣紫橘弄黄。这时，也正当吃柿子和枣子，一些地方的人们认为，吃红红的柿子不仅可以御寒，还能补筋骨。

根据中医养生学的观点，在四季五补（春要升补、夏要清补、长夏要淡补、秋要平补、冬要温补）的相互关系上，霜降滋补以平补为原则。此时要注意健脾养胃，调补肝肾，可以多吃健脾、养阴、润燥的食物，萝卜、枣子、秋梨、百合、蜂蜜等，是非常好的选择。

中医专家也指出，霜降期间，还要特别注意防秋燥、防秋郁、防寒。

霜降赏景

深秋之时，枫树、黄栌树等树木在秋霜的作用下，翠绿欲滴的树叶逐渐变得金黄或深红，漫山遍野，如火似锦。

"看万山红遍，层林尽染"，蔚为壮观。

杜牧有诗《山行》："远上寒山石径斜，白云生处有人家。停车坐爱枫林晚，霜叶红于二月花。"

秋叶更胜春花，让人沉醉，流连忘返。

然而，也并不是所有的生命在深秋都选择了凋零或是蛰伏。

苏东坡在深秋之中看到生机勃勃的木芙蓉，忍不住写下了："千林扫作一番黄，只有芙蓉独自芳。唤作拒霜知未称，细思却是最宜霜。"讴歌生命力的顽强。

· 霜降节俗 ·

下元节 | 十月半，牵砻团子斋三官

农历十月半，如果这一天你刚好游走于在某个村落，也许你还能听到巷子里孩子们念着古老的调调："十月半，牵砻团子斋三官。"

在中国的传统节日里，正月有上元节，七月有中元节，十月有下元节。

农历十月半，正是下元节，亦称"下元日"、"下元诞"、"下元水官节"、"完冬节"。其起源和道教有很大的关系。

谚语里的三官，是指道家的天官、地官、水官，天官赐福，地官赦罪，水官解厄。三官的诞生日即为农历的正月十五、七月十五、十月十五，这三天被称为"上元节""中元节""下元节"。

下元节，即为旸谷帝君解厄之辰。

节日习俗

斋天

民间斋祭水官的方式不尽相同。

或用新谷磨糯米粉，做成小团子；或做豆腐、再油炸；也有用新谷磨糯米粉做薄饼，包素菜馅心，油炸成"影糕"、"葱饼"或香润可口的油炸食品团子，然后当作供品在大门外"斋天"。祭祀之后的"福果"，孩子们都可以吃，相信这一天会成为孩子快乐成长的美好回忆。

水色运动、祭炉神

斋天以外，"水色"运动和祭炉神也是两个比较常见的民俗。

"水色"运动是指，百姓们一起扎彩船，于河中巡游，这一天民间热闹非凡，万人空巷，观者如潮。

至于祭炉神，就是民间工匠祭炉神的习俗，炉神就是太上老

君，大概源于道教用炉炼丹。

修斋

下元日，源于道教，也是道教斋法中规定的修斋日期之一。

求助神灵，皆要修斋，修斋有三种：供斋、食斋、心斋。

供斋积德，食斋清身，心斋和神。古人于祭祀之前，应沐浴更衣，不饮酒，不吃荤，以求外者不染尘垢，内则五脏清虚，洁身清心，以示诚敬，称为斋戒。

修斋，也就是心诚则灵，身心修斋仰助神灵的事情才能应验。

纵观之，下元节的存在正体现了民间几千年来祈福禳灾、求福纳祥的亘古不变的愿望。

· 霜降三候 ·

豺乃祭兽，草木黄落，蛰虫咸俯

霜降，九月中，气肃而凝露结为霜矣。

从白露到寒露再到凝而为霜，天气越来越冷。所以有谚语说"霜降杀百草"，经霜的植物，一片肃杀，再无生机。"删繁就简三秋树"，霜降是要告诉世人，该做做减法，该休养生息了。

霜降三候是，一候豺乃祭兽，二候草木黄落，三候蛰虫咸俯。

一候豺乃祭兽，意思是豺这类动物从霜降开始要为过冬准备食物。豺狼将捕获到的猎物先陈列得整整齐齐，就像祭祀一样，然后再食用，人以兽祭天而报本，动物仿佛也有这样的天性。前面有獭祭鱼，鹰祭鸟，这里又有豺祭兽。从水里到天上再到地上，从游鱼到飞禽到走兽，莫不以其昭昭天道警示着万物之灵——人，顺应天道，心存敬畏。

二候草木黄落，意思是大地上树叶枯黄掉落。风霜刀剑严相逼之下，万物肃杀。

范仲淹写过："碧云天，黄叶地，秋色连波，波上寒烟翠。"

三候蛰虫咸俯。此时蛰虫全部伏在洞里，不动不食，进入冬眠状态，就像修行之人进入沉思或入定状态。

人在此时，应反身修德，防微杜渐。

鸡声茅店月，人迹板桥霜

商山早行

（唐）温庭筠

晨起动征铎，客行悲故乡。鸡声茅店月，人迹板桥霜。

槲叶落山路，枳花明驿墙。因思杜陵梦，凫雁满回塘。

温庭筠作为"花间词派"的主力军，词写得好。这首小诗也写得姗然可喜。

他借商山的一次早行，抒发客旅异乡游子的思乡之愁。

清晨起床，旅店里外已经响起了车马的铃铎声，旅客们纷纷起床准备动身了。"在家千日好，出外一时难"，故乡一步步地被抛在了身后，真是让人悲伤。

这首诗历来为人传诵的是这句"鸡声茅店月，人迹板桥霜"。

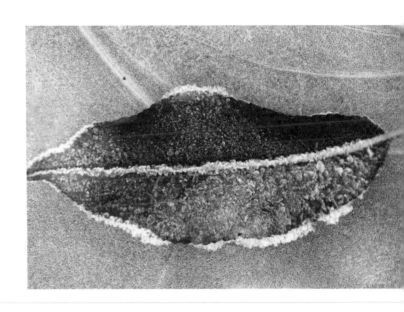

它扣住了早行的特色：鸡鸣报晓，残月未落，是谓早行；自己尚待启程，板桥上已早有他人走过的痕迹印在了深秋的清霜上，这更是早行。

此句的妙处，远不止于此。这两句十个诗，拆开来是十种景：鸡、声、茅、店、月、人、迹、板、桥、霜，合起来又是鸡声、茅店、人迹、板桥，再加上月和霜。每个景都是一个自足的世界，都是一种凝着浓浓秋意和时间特色的意境。体物工细，意象鲜明，道路辛苦、羁旅行愁在这些意象的组合中展露无遗。

枫桥夜泊

（唐）张继

月落乌啼霜满天，江枫渔火对愁眠。

姑苏城外寒山寺，夜半钟声到客船。

一千多年前的一个月夜，科考落榜的诗人张继顺着京杭大运河南下，客船停泊在了苏州城外的枫桥边。

此时，月亮已经落下去了。夜气中弥漫着满天霜华。诗人满腹心思，伫立船头。

江边的枫树兀立森森，浸透寒意。远处几片孤舟，点点渔火，更有那乌鸦凄厉的啼叫，搅得人心里空落落的，难以入眠。正在这时，从岸边寒山寺里传来了洪亮的钟声。在这寂静的夜里，这浑厚的钟声仿佛敲在诗人的心上，一下子把诗人满腹的忧愁和孤单敲醒。

这破空而来的寒山寺的钟声，使得诗人深深地感动了。他提起如椽巨笔，将心中如潮水般涌动的诗情画意，就这样水乳交融地涂抹在一帧图画里了。"月落乌啼霜满天，江枫渔火对愁眠。"这不是一串僵死的文字，这是一幅新美的画图。"姑苏城外寒山寺，夜半钟声到客船。"乍看起来，这诗仿佛没有给予你任何的思考和思想。是的，它没有替你思想，但它给予了你一个生命中从未有过的新鲜的、感性的激动，它给予了你一个浮在生活之上的梦，和梦后面的浮想联翩。

仿佛是刹那间的灵光一闪，这破空而来的寒山寺的钟声，轰然与诗人的才华相遇，从此改变了寒山寺与枫桥的命运。

据说，千百年来，每逢除夕之夜，都会有大量中外游客聚集到寒山寺，来倾听新年的一百零八记钟声。

在这声音里，我们听到了什么呢？著名诗人严阵这样描写寒山寺的钟声：

默默地听那岁末的午夜时分悠然远播的钟声吧，那钟声里也浮动着一种春的气息，一种你似乎感觉到又似乎尚未感觉到的一种生机，一种要萌动出无数新芽，一种要爆裂出无数新蕾的欲望，一种要在枝头上迎接风雨布满果实的力量。那钟声里也含满微笑，含满四方美丽的风景，含满相交者相识者相知者相爱者的那些春花秋月的思绪和桂子荷花的情愫。

山中感兴三首（其二）

（宋）文天祥

山中有流水，霜降石自出。骤雨东南来，消长不终日。

故人书问至，为言北风急。山深人不知，塞马谁得失。

挑灯看古史，感泪纵横发。幸生圣明时，渔樵以自适。

霜降杀百草，大地裸露，呈现出本色。

霜降石自出，河水枯竭，一切都水落石出。

总感觉文天祥这首诗说的不只是自然时令的特色，他表明的是一种"时穷节乃现，一一垂丹青"的气节。他是这样说的，也是这样做的，当南宋的一些理学名士纷纷放下气节，向大元臣服时，他选择殉国、殉节。

诗中违心地说自己"幸生圣明时，渔樵以自适"，其实是树欲静而风不止。他只是选择了一个地方，一个时段，暂时舔了舔自己的伤口。他知道自己并不能真正忘情于山水，过着逍遥自适的日子。所以，他忧虑"骤雨东南来，消长不终日"，凄风苦雨不终日，扰乱了他的心。"故人书问至，为言北风急”，时局动荡、危如累卵，让他忧心如焚。

独居深山，如塞翁失马，得失不可知，不可问。但每当他挑灯看史时，依然忍不住为那些忠臣义士或蒙冤受屈的忠魂洒下一掬辛酸的泪水。他哭的不是他们，而是自己的命运。

所谓水落石出，是在时间的回旋中仍然与自己的本性相遇。他的本性，无论是隐居深山还是跃马驰骋，一直未曾变过。

冬

立冬 | 残秋尽，冬未隆，正是相思渐盛时

冬，是孤寂的：一阵寒风吹起，时在北京的沈从文也难免触景生情，感慨了一句"我要用我这手抓住冬天给我的忧郁"。

冬，又是温情的："琉璃世界白雪红梅，脂粉香娃割腥啖膻"——史湘云和贾宝玉在雪天烤鹿肉，那般场景，看得叫人垂涎三尺，完全忘却了冬的刺骨之寒。

立冬。此时十一月，西北风着地而行，吼地生寒。北方的人们，早已裹起了棉袍大衣，正静候一场瑞雪；而南方，虽不时有艳阳温风，却缺少了雪的景致，大概这就是南方人对冬季最长情的抱憾。

立冬风俗

立冬与立春、立夏、立秋合称四立，是几个最重要的节气之一。

俗话说，"立冬补冬，补嘴空"，古时立冬这一天都要休息，犒赏一家人一年来的辛劳。许多地方这时会吃饺子，饺子有"交子"之意，宜于新旧之交时吃，此时秋冬之交，故也有吃饺子的习俗。

古时天子此日要出郊迎冬，还有赐群臣冬衣、祭祀亡灵、矜恤孤寡之制，祈求来岁丰收。清代还有"拜冬"习俗，这天人们换新衣，往来庆贺，如同新年。民国以来渐渐简化，时至今日已少有人知。

立冬养生

古人说，冬天养生，最要顺应避藏，早卧晚起，固护阳气。"冬夜伸足卧，一身俱暖"，暖被中，温柔乡。

饮食方面，北方地区的人们可以大温大补，抵御严寒，羊肉、牛肉、虾、鹌鹑、海参等食物中富含蛋白质及脂肪，御寒效果最好。长江以南地区虽已入冬，但气温较西北地区要温和得多，进补应以清补甘温之味，如鸡、鸭、鱼类。

很多时候，之所以我们每个人会如此期盼一个新季节的到来，不过是想重温当季的食谱。毕竟食物赋予人的期待，并非食物本身，而是当下的气场与氛围。

到了现代，我们渐渐失去了旧时光里的那份厨房温情，也不再有那份闲心去体验亲自下厨的乐趣。我们踏入家里的第一步，是立马卸去晨起时静心创造的光鲜，然后陷入沙发成为一摊烂泥。至于吃的方面，索性一包泡面，或者叫一份没有温度的外卖了事，生活的无奈，大抵如此。

趁这个残秋尽、冬未隆的日子里，不如约三五好友，或者回一趟老家，和思念已久的人围炉煮酒，在腾起的水汽中畅食畅饮，忘却拖沓了几个季度的疲惫。

就算此时屋外暴雪横虐，屋内也是时光恰好。

· 立冬三候 ·

水始冰，地始冻，雉入大水为蜃

立冬，十月节。冬为终，万物收藏。

"冬"是"终"的本字。冬，甲骨文为象形字∧，像在纪事的绳子的两端打结，表示记录终结。金文是 ⋒=⋒（终结）

✚▣（日，时间），表示一个纪时周期的结束，即年终的季节。随着字形的演变，"冬"中加了表示寒冷的两点水，即冰。立冬之后，真正要进入天寒地冻的时节了。

立冬三候是，一候水始冰，二候地始冻，三候雉入大水为蜃。立冬前五日，水已经开始结成冰。"冰出于水而寒于水"，它是水与冻的结合，表明阴气加重。

再五日，地开始冻结。阴气下沉，阳气上升，阴阳不交，万物凝结。

后五日，雉入大水为蜃。雉即野鸡，秋冬时分，它们换上艳丽的羽毛，还比较活跃。立冬后，比较少见了。古人认为它们都变成了大蛤。

秋为西方，冬为北方。北方为玄天。玄即赤黑色，天玄地黄，所以它代表的是天空的颜色，幽远而辽阔。

冬从十月开始，有意思的是，十月又称阳月。冬表面上是终，万物冻藏。但天道循环，物极必反，终即是始。先民认为，从这个月开始，阳气虽在潜藏状态，阴气盛行，但阴盛的过程即是其损耗的过程，所以纯阳在此得以滋养。一事终而一事始。

十月对应坤卦，爻辞说它"履霜坚冰至"，踏秋霜就能感到冰之寒，正是阴盛至极的意象。坤，是大地，是母亲，孕育万物。所以，阴盛之时也是新生的开始。

· 立冬诗词 ·

寒炉美酒时温

立冬

（唐）李白

冻笔新诗懒写，寒炉美酒时温。

醉看墨花月白，恍疑雪满前村。

立冬，是冬季的第一个节气。"履霜，坚冰至"，此时，天始冻，地始冰。

在这样一个寒气森森的节日里，我们的诗人李白在干些什么呢？

他有点懒懒的。天寒地冻，冻住了诗人的笔，也冻住了诗人飘飞的意兴和诗情，诗是懒得再写了的。

他是会享受生活的。诗人毕竟是诗人，那点浪漫的诗情总会

转化为日常生活中的小写意。你看他，簇拥着温暖的炉火，温着一壶小酒，不时浮一大白。寒气在酒香的熏染和炉火的暖意中，早被驱逐到了九霄之外。一天的光阴，就在这种醺醺然中，不知不觉过去了。

或许是醉了，看着砚石上的墨渍花纹（墨花）在冷冷月色下，泛着银光，瑟缩着几分寒意，天真的诗人误以为下了一场大雪。

这句很有趣味，既符合诗人醉眼观物的特性，又为日常生活

增添了一丝丝乐趣。这个"绣口一吐，便是半个盛唐"的爱
酒的诗人，如果没有了酒，生活中定然会失去许多情趣。

床前明月光，让诗人疑是地上霜。这里的明月光，又让诗人
疑是前村的雪。生活中刹那的恍惚和怔忡，倒是为庸常的生
活增添了诗意。

方过授衣月，又遇始裘天

立冬日作

（宋）陆游

室小财容膝，墙低仅及肩。方过授衣月，又遇始裘天。

寸积篝炉炭，铢称布被绵。平生师陋巷，随处一欣然。

陆游是宋代诗人中最富有生活气息的一个。

宋代的审美也偏于生活化、日常化。从大唐的宏阔气象转入
对日常生活的精细审美化，是宋人的一大特色。但像陆游那
样，几乎每个时令季候的变迁都在他的诗中留下痕迹的诗人，
的确不多。

这首诗表达的是诗人虽身处陋巷，却像颜回一样，"不改其乐"。

斗室很小，仅能容膝。墙也不高，仅只到人的肩膀处。有些夸张了，但诗人这样写，只是为他抒发"平生师陋巷，随处一欣然"的情怀作铺垫而已。

立冬在十月，《诗经》说"九月授衣"，所以诗人说"方过授衣月，又遇始裘天"。立冬后，一天比一天冷，炉子烧起来了，厚厚的棉被也盖起来了。总之，人们会想方设法在凛凛寒冬中，取得一点点暖。这样的描写，很寻常、很随意。隔着久远的时空，我们仿佛能看见诗人坐在火炉前的情形。这情形，与生活在现代的我们或许并无二致。哦，也许我们有暖气了，有空调了，却没有了一家人促膝围着火炉，随意叙着家长里短的那份温馨与自适了。

有时，人自己得成全自己。
身处陋巷，悠闲度日，绝非这个"男儿到死心如铁"的放翁的本意，但一旦身处这种境况，也只能接受了。与生活和解，与命运握手言和，在岁月的消磨中，在内心保留自己的赤诚，也不失为一种生存艺术。

今宵寒较昨宵多

立冬

（明）王稚登

秋风吹尽旧庭柯，黄叶丹枫客里过。

一点禅灯半轮月，今宵寒较昨宵多。

我们在这个世界上，有如一片叶子抽出、一朵花开放、一棵树生长，是一种自然的时序，春日的繁华、夏季的喧闹、秋野的庄严、冬天的肃杀，都轮流让我们经验着，以便生发我们的智慧。

一个立冬日，在不同诗人那里便有着不同的感受，而这种种感受，是经由每个不同的心灵。不同的个性、不同的人生阅历，甚至是不同的人生智慧交融生发而出的。

王穉登的这首诗，前三句诗意很浓，但浓浓的诗意晕染在淡淡的写意之中，读来让人心旷神怡，清新爽口。"秋风吹尽旧庭柯，黄叶丹枫客里过"，肃杀的秋快要过去了，凛冽的冬越逼越紧。时序变迁，会让客居他乡的游子备感伤怀，那点浓浓的乡思也随着岁末的到来，酝酿得越来越浓烈。

"一点禅灯半轮月"，来得很清淡。可乡思在这一点禅灯的孤寂和半轮明月的孤清陪伴下，甚是浓烈。也许只有在这种孤独与静寂之中，人才能听到内心的呼喊，回家吧。

可哪里回得去？人一旦踏上仕途，便身不由己。回家的心愿恐怕又要在流年中蹉跎了，一念及此，诗人的心紧缩了一下，一股寒意悄然爬上了心头。唉，"今宵寒较昨宵多"。

今儿是立冬。

"今宵寒较昨宵多"，果真如此吗？

或许，今天的寒意与昨天相比，并没有什么不同。只是今天是立冬，节令和时序的变迁，会让人分外敏感。

人人都会在时间里变化，最常见的变化是从充满诗情画意逍遥的心灵，变成平凡庸俗而无可奈何。从对人情时序的敏感，成为对一切事物无感。

虽然无法归去，但诗人是幸福的。因为，他对人情时序的敏感还在，这样就很好了。

小雪 | 天渐寒，雪渐盛，又是一年将尽时

顾名思义，小雪，雪尚未盛大之时。水汽遇寒，将霰为雪。雨凝先为霰，霰成微粒，飞扬弥漫为小雪。空中偶见雪花纷飞，地面尚不见积雪。

《释名》释"雪"为"绥"。绥是安，霏霏绥绥，天地间就变得静了，更显人声之喧。

《广韵》释"雪"为"除"，由"除"而"洗"，庄子由此引申"澡雪而精神"之义。

小雪节气，天空中的阳气上升，地中的阴气下降，导致天地不通，阴阳不交，所以万物失去生机，天地闭塞而渐入严寒。
天地闭塞，宜减辛苦。此时节，天气逐渐寒冷，天气阴冷晦暗光照较少，人也会感觉提不起精神，此时的养生原则是早睡晚起、避免辛劳，可多晒太阳，清代医学家吴尚说："看花解闷，听曲消愁，有胜于服药者也。"

小雪民俗

小雪伊始，冬天正式拉开序幕。世间万物，筹备过冬。

秋收冬藏。一切农作物在小雪时节都已经颗粒归仓。果农们为果树修剪枝叶，并以草秸包扎树干，以备寒冬。

320

小雪

同时，人们也开始准备储藏过冬的食物。白菜即在小雪时节收割，窖藏，它是北方居民冬天餐桌上主要的蔬菜来源。

民间有"冬腊风腌，蓄以御冬"的习俗，小雪节气后，一些农家开始动手做香肠、腊肉。虽然还不及盛时，但也粗具规模。家家院中肉味飘散，既是一番好景致，也是一份充满温情的记忆。待到两月以后，春节来临，这些腊货将化为妈妈手中的美味佳肴，招待远方归来的游子。

南方的一些地方，则有在小雪前后吃糍粑的习俗。"十月朝，糍粑禄禄烧。"糍粑本来是古代祭祀牛神的供品，期待来年耕牛健硕，农耕顺遂。后来吃糍粑慢慢演变成为小雪的习俗。

在台湾等海滨地区，人们世世代代以打鱼为生，到了小雪前后，则开始晾晒鱼干，为冬天储存余粮。"十月豆，肥到不见头。"嘉义一带，则在小雪前后开始捕捞豆仔鱼。

西南土家族、苗族聚居的地方，在小雪时节，更有一番热闹。家家磨刀霍霍，开始宰杀年猪。把精心饲养了一年的猪在冬天宰杀，是土家族、苗族喜迎新年的重要活动。杀猪当天，把热气腾腾的鲜肉烹调成鲜美的菜肴，呼朋唤友，置酒高会，俗称吃"刨汤"。

虽然小雪还只是冬天拉开的序幕，然而也已经初具诗意。

· 小雪三候 ·

虹藏不见，天气上升地气下降，
闭塞而成冬

小雪，"十月中，雨下而为寒气所薄，故凝而为雪。小者未盛之辞"。

十月中，雨遇寒，将霰为雪。雨凝成霰，霰成微粒，飞扬弥漫而为小雪。

《释名》："雪，绥也。水下遇寒气而凝，绥绥然下也。"绥即安，雪花飞扬，天地间变得一片宁静，如此释雪，也颇有韵味。

《广韵》："雪，除也。"《韵会》："洗也。"《庄子·知北游》："澡雪而精神。"由雪而引申出高洁精神的象征。

小雪三候是，一候虹藏不见，二候天气上升地气下降，三候闭塞而成冬。

虹藏不见。虹是阴阳交汇才产生的。小雪时节，阴盛而阳伏，虹隐藏而不见。

虹的出现，一般认为有异兆发生。典型的莫过于白虹贯日，白虹穿日而过，古人认为一般是有不祥之事发生，或是有重大事情要发生，上天降此以示征兆。《战国策·魏策四》："聂政之刺韩傀也，白虹贯日。"《史记·鲁仲连邹阳列传》："昔者荆轲慕燕丹之义，白虹贯日，太子畏之。"

二候天气上升地气下降，此时天地不交不通，生长几近停止，形成一种闭塞状。阳气潜藏在休养状态，阴气肆虐。阴历十月对应十二律中的应钟，钟即动。万物虽应阳，但不用事。但阴阳的转换于此也可见契机了。

《埤雅》："雪六出而成华，言凡草木华五出，雪华独六出，阴之成数也。"雪花偏偏是六瓣，而六正是盛阴的标识。草木之花一般是五瓣，五生万物，正应了春生万物的节令特征。

天地造物，真是玄妙。冥冥中仿佛有一只看不见的手，在操纵着世间一切。所以我们得有敬畏之心，正如康德所言，"我敬畏的是头顶的星空和心中的道德律"。

· 小雪诗词 ·

一片飞来一片寒

小雪

（唐）戴叔伦

花雪随风不厌看，更多还肯失林峦。

愁人正在书窗下，一片飞来一片寒。

小雪这个节气的到来，意味着要下雪了。

只是写这首诗时，不知是恰逢小雪这一天，还是正好遇到了一个下着小雪的天呢？暂不去管它。

雪，是天地间飞舞的精灵，是上苍送给疲惫倦怠或是在庸常中忘记欣赏的人的一份惊喜。

雪在风中翻飞，是让人看不够的。更多的雪飘到了更远处，消失在树林和山峦之间，旋落旋融，这也正应了诗题《小雪》。如果是大雪，想必林峦也好，大地也好，不大一会，都是一片苍茫的白了。

小雪带给诗人的惊喜只是一瞬间，紧接着他开始发愁了："愁人正在书窗下，一片飞来一片寒。"

这个在寒窗下苦读的士人，看着漫天飞舞的雪花，陷入了愁绪当中。一片飞来，一片寒，每一片寒，都打到了他的心尖上。他愁什么呢？是功名未取前途未卜的不可知，是时序更替一事无成的蹉跎，还是独在异乡漂泊无依的落寞？或许都有。

想到了一个很有意思的词：寒窗苦读。其实，寒窗未必就是寒冷的窗下，未必就是诗中"一片飞来一片寒"的窗下。它指的应该是家境贫寒，生活窘迫。正是这份急于改变命运的坚定信念，才让无数士子孜孜以求"十年寒窗无人问，一举成名天下闻"的荣耀。

独试新炉自煮茶

和萧郎中小雪日作

（唐）徐铉

征西府里日西斜，独试新炉自煮茶。

篱菊尽来低覆水，塞鸿飞去远连霞。

寂寥小雪闲中过，斑驳轻霜鬓上加。

算得流年无奈处，莫将诗句祝苍华。

在小雪日，诗人感到了逝年如水的惆怅和一种难以言传的淡淡寂寥。

日暮时分，他独试新炉自煮茶，寂寥中度过了小雪。

更让人难堪的是：斑驳轻霜鬓上加，流年无奈啊。

陆机《文赋》中说："遵四时以叹逝，瞻万物而思纷。悲落叶于劲秋，喜柔条于芳春。"概括得真好。遵四时以叹逝，是古代诗人的必修课。

其实，徐铉的一生也算是志得意满了，即使有愁，也只是淡淡的闲愁。

在南唐时，他是李煜的股肱之臣。降宋后，他在新宋，也并没有太失意。没有过人的智慧和圆融的个性，是难以在新旧两朝中游刃有余的。

我想，这是一个纵浪大化中、不喜亦不惧的高人。

就像他的这首诗，有惆怅、有闲愁，却融在平静的叙述中，让你感觉不到过于强烈的起伏。

时候频过小雪天，江南寒色未曾偏

小雪后书事

（唐）陆龟蒙

时候频过小雪天，江南寒色未曾偏。

枫汀尚忆逢人别，麦陇唯应欠雉眠。

更拟结茅临水次，偶因行药到村前。

邻翁意绪相安慰，多说明年是稔年。

陆龟蒙，早年写诗多关心民生疾苦，晚年又寻求隐逸，成为隐逸诗人的代表。

入世和出世，他算是真真切切地践行了。

这首诗诗意平平，韵味也一般，放在灿若星辰的唐诗里，注定是被淹没的。但这首诗有一股质朴的乡土气息，仍然值得一读。

"更拟结茅临水次，偶因行药到村前"，他想在临水处结茅庐而居，过着隐士的生活。他因行散（服五石散后须行走，使药力发散，这是魏晋名士最喜好的一种养生方式）偶尔走到了一个村子前。在村中，看到村舍老翁相互之间寒暄着，安慰着，说明年一定是个丰收年。

"邻翁意绪相安慰，多说明年是稔年"，这句其实扣了诗题中的"小雪"。俗话说，瑞雪兆丰年。农民最喜欢这样的瑞雪。

古时，人们把雪称为"谷之精"，因为小雪的降雪对田间作物，尤其是冬小麦的生长大有益处。"小雪花满天，来岁必丰年""雪下三尺三，来年囤囤尖"，这些都是古人总结出来的人生智慧。

一个接地气的诗人，一群接地气的农人。在渐行渐远的农耕文明慢慢淡出我们的视线时，我们是否感觉到了贫瘠，是否要脚踏在实实在在的泥土之上，汲取来自天地的正气，养养自己的精气神？

大雪 | 一壶温酒，一炉火锅，三两知己，
足以温暖这个寒冬

大雪，中华传统二十四节气倒数第三个节气。由此开始，
神州大地，雪渐隆厚。北国"千里冰封，万里雪飘"，
南国凉风习习，腊梅飘香。

飘雪时，堆雪人、打雪仗、冰河嬉戏；雪凝时，围炉取暖、
沏茶闲话；晴雪时，探梅寻香、访古寺……

虽然万物零落、众生蛰藏，却也有一番特别的景致，
让人神思、缱绻。

大雪纷飞，煮酒待归

"绿蚁新醅酒，红泥小火炉。晚来天欲雪，能饮一杯
无？"每到大雪时节，不期然见到最多的诗句，总是
白居易的《问刘十九》。

风雪、故人、好酒，便足够组成冬夜里最美好的意象，
何况天寒地冻、大雪封门，更易期待平日里的热闹，
此时若有人不顾风雪前来，围炉煮酒，暖心暖胃，才

算真的温情。

说到酒，可是个和冬日时宜的好东西。在绍兴话中，人们给喝酒创造了一个形象的动词——"咪"，咪杯老酒，便是吮、抿、品等一系列动作的合成，咪一咪，酒在口中越来越有味道，双目微闭、心情愉悦的瞬间，物产、饮食、生活也就在这一"咪"中连成一线了。

大雪民俗

老南京有句俗语，叫做"小雪腌菜，大雪腌肉"。大雪节气一到，家家户户忙着腌制"咸货"。累累腊肉挂在朝阳的屋檐下晾晒干，切片、加料、蒸煮，成为传统年宴上难忘的味道，也是无数人记忆中"妈妈的味道"这是美食，也是记忆，还是情怀。

如果说腊肉是冬天最温情的记忆，火锅则是冬天最美好的期待：东北脆爽的酸菜和白肉咕嘟咕嘟炖成一锅的热气腾腾，北京火红的炭炉和倒立不散的羊三叉，雨雪江南的一锅冬笋咸肉。如果没有火锅，漫长的冬日要怎么度过呢？

"冬天进补，开春打虎"，冬天万物蛰伏，也正是人们休养生息、滋补身体的时候。羊肉性燥热，具有良好的驱寒功效，同时益气补虚。西北人民喜欢在隆冬时节吃羊肉，或炖或煮、或烤或烹，一家围坐，高朋齐聚，把酒畅谈，好不热闹。

同纷纷大雪一起蛰藏的还有庄稼。大雪纷纷，覆盖大地，既可以起到保暖作用，也是来年开春，农作物生长的主要水分来源。所以有"瑞雪兆丰年"的说法，也有"今冬麦盖三层被，来年枕着馒头睡"的谚语。农民也趁机准备为农作物春长积蓄力量。

冬天，是闲适的日子。忙碌了一年的人们围炉而话，格外多了几分温情，留了几分记忆。

冬天，又是孕育了希望的季节，充满期待。虽然万物萧索，但冬天来了，春天就不远了。来年冬去春来，万物复苏，又是一片莺歌燕舞、草长莺飞的好时节。

· 大雪三候 ·

鹖鴠不鸣，虎始交，荔挺出

大雪，"十一月节，至此而雪盛也"。此时节，天寒地冻，天地否闭，长夜漫漫。

大雪时节雪的有无，对先民来说是一个重要的兆头。"瑞雪兆丰年""今冬麦盖三层被，来年枕着馒头睡"，都寄寓了美好的期待。

大雪三候是：一候鹖鴠不鸣，二候虎始交，三候荔挺出。

一候鹖鴠不鸣。鹖鴠即寒号鸟，这种鸟现在很少见。据说此鸟夏月毛盛，冬月裸体，夜晚鸣叫，叫声仿佛在说"得过且过"，所以被称为"寒号"。以寒号鸟劝导世人的寓言想必妇孺皆知。

大雪之日，此鸟不鸣，有人说是因为冬至日近，冬至阳气生，

此鸟性寒，因感知到了阳气，故而不鸣。

二候虎始交。虎也是阴物，仲冬十一月交配，到次年七月生，这是动物中最早叫春者之一。虎始交，也是感知到了阳气，交是阴阳相互作用的结果。虽是阴盛之节气，阳已然露出端倪，而这一切都在自然界中有序地进行着。

虎是神圣的动物。《周易》中说："君子豹变，其文蔚也；大人虎变，其文炳也。"豹变之美显赫在外，而虎变之威是气势上的，虎变有颠覆乾坤之伟力。

虎之勇猛，大概是百兽之首。自古以来，它用来象征军人的坚强、勇猛，所以有了虎将、虎臣、虎士之称。古代用来调兵的兵符称为"虎符"。

三候荔挺出。据李时珍梳理，此物又叫马蔺、三坚、马帚，即铁扫帚。此物坚硬，现代人还将它束成一把用来刷锅。荔挺出芽，也意味着阳气萌动，催动新生了。

阴历十一月对应《周易》复卦，此卦一阳在下，五阴在上。一阳之体既成，阳气始萌。因为才有了性阴之物感知阳气的交与出。

万事万物，莫不在关系之中。看似偶然，其实必然。天地的逻辑，是世上最精密精美的艺术。

· 大雪诗词 ·

江雪

（唐）柳宗元

千山鸟飞绝，万径人踪灭。

孤舟蓑笠翁，独钓寒江雪。

一个人，孤寂而又渺小，背负皑皑千山，面朝悠悠岁月，端坐在空阔江面上的一只小小渔船上，钓着一江的寒冷。

这是一个巨大而又坚定的形象，居于整个世界的中心，执拗而又强硬地叙说着一种超然的孤独。

谁能承载这巨大的命运的寒冷？谁能用一根细细的丝线，在无边的绝望中钓起满船的希望？

难道你就不能放下手中的钓竿，就像垂下你高贵的头颅？难道你就不能退到一个小小的角落，就像从人生矛盾的中心退却？

你的坚决让我震惊，你的悲情让我热血沸腾。难道你是在守候生命永恒的孤独，就这样沐浴在一江寒冷中，以一种永不改变的姿态守望千年？

这就是《江雪》——以一个寒江独钓的渔翁形象向我们宣告了一种精神的存在。这种存在，必须仰赖诗人非凡的想象力，和人类广阔的理解能力。

明人张岱在《陶庵梦忆》中，也刻画了一个与渔翁绝似的"痴人"形象。

崇祯五年十二月，余住西湖。大雪三日，湖中人鸟声俱绝。是日更定，余拿一小舟，拥毳衣炉火，独往湖心亭看雪。雾凇沆砀，天与云与山与水，上下一白；湖中影子，惟长堤一痕，湖心亭一点，与余舟一芥，舟中人两三粒而已。到亭上，有两人铺毡对坐，一童子烧酒炉正沸。见余，大喜曰："湖中焉得更有此人！"拉余同饮。余强饮三大白而别。问其姓氏，是金陵人，客此。及下船，舟子喃喃曰："莫说相公痴，更有痴似相公者！"

这几个痴人，同样是一种精神的存在。

忽如一夜春风来，千树万树梨花开

白雪歌送武判官归京

（唐）岑参

北风卷地白草折，胡天八月即飞雪。

忽如一夜春风来，千树万树梨花开。

散入珠帘湿罗幕，狐裘不暖锦衾薄。

将军角弓不得控，都护铁衣冷难着。

瀚海阑干百丈冰，愁云惨淡万里凝。

中军置酒饮归客，胡琴琵琶与羌笛。

纷纷暮雪下辕门，风掣红旗冻不翻。

轮台东门送君去，去时雪满天山路。

山回路转不见君，雪上空留马行处。

这是盛唐诗边塞诗的代表作，全诗以纵横跌宕、大气盘旋的笔调写了雪景中的一次壮别，洋溢着浪漫奔放的情怀和刚健雄放的盛唐气象，读来让人精神为之一振。

前八句为第一部分写别前，描写早晨起来看到的奇丽雪景和感受到的突如其来的奇寒。"忽如一夜春风来，千树万树梨花开"，奇丽的想象将大地一片银装素裹描摹得逼人眼眸，而贯穿在其中的豪气与欣喜也深深激荡着每个人的胸怀。紧接着写大雪之后的严寒，诗人从帐内入手。"狐裘不暖锦衾薄，将军角弓不得控，都护铁衣冷难着"，一切的一切，都在渲染着森森透入骨髓的寒！可，这又能如何？它依然挡不住将士们乐观激烈的战斗情怀。

中间四句为第二部分写别中，描绘白天雪景的雄伟壮阔和饯别宴会的盛况。"瀚海阑干百丈冰，愁云惨淡万里凝"，天地失色的大幕景，雄壮极了，正是在这样的背景中，一场送别开始了。"中军置酒饮归客，胡琴琵琶与羌笛"，且歌且舞，开怀畅饮，这宴会一直持续到暮色来临。这是全诗情绪的高潮。

最后六句为第三部分写别后，写傍晚送别友人踏上归途。"纷纷暮雪下辕门，风掣红旗冻不翻"，归客在暮色中迎着纷飞的大雪步出帐幕，冻结在空中的鲜艳旗帜，在白雪中显得分外绚丽。虽然这样，"轮台东门送君去，去时雪满天山路"，雪越下越大，送行的人千叮万嘱，不肯回去。惜别之情，于此可见。

奇丽多变的雪景，纵横矫健的笔力，开阖自如的结构，抑扬顿挫的韵律。

是一场大雪成全了这首诗，还是这首诗成全了一场大雪？

非常之人遇非常之时，其实，是一种相互成全。

柴门闻犬吠，风雪夜归人

逢雪宿芙蓉山主人

（唐）刘长卿

日暮苍山远，天寒白屋贫。

柴门闻犬吠，风雪夜归人。

此诗二十字，将雪夜宿山人家一段情事，描绘如见，堪称一幅寒山夜宿图。

首句写旅人薄暮时分行进在山路上的所感。"日之夕矣，牛羊下括"，日暮时分是归家的时分，又逢大雪，而自己的归宿在哪里呢？想到这里，茫茫天地之间，个人越加渺小。

次句写欲投宿人家时所见。"天寒白屋贫"，这句颇有意思。天寒地冻之际，远处一座白屋出现在眼前。这白屋，是指白雪覆盖的屋，还是指简陋的茅屋？不得而知。这"贫"，是

指自己的境况窘迫，还是指屋主的贫穷？不得而知。

茫茫天地，余芥一粒，有这样一处可供栖止的白屋，就如寒夜里一盏透着微黄光芒的灯，给人暖意和安定。

后两句写投宿人家后的所见所闻。"柴门闻犬吠，风雪夜归人"，风雪交加的雪夜里，传来几声犬吠，主人回来了。几声犬吠打破了画面的静，充满了动感，也充满了生活气息。在这样一个寒冷静寂的夜里，一个归家的人，让人心生感动。

还有什么比归家更让人感动的画面呢？有人争论这夜归人到底是旅人还是主人。其实，旅人归家也好，主人归家也好，没必要辩论了。我看见的只是"归家"二字。家，甜蜜的家。

若是背井离乡，辉煌的光芒也只是徒劳；
哦，还给我低矮的草棚！

鸟儿欢快地鸣啭，它们应我的召唤而来
给我——心灵的宁静，比一切都要可贵！

家，家，甜蜜的家！
哪里也比不上家，哪里也比不上家！

冬至 | 梅花满树，又是一年冬至

古时文人踏雪寻梅，看的是风送香来，雪助花妍的明艳。即使"狐裘不暖锦衾薄""雪窗休记夜来寒"，也觉得值得。有人说世上了无牵挂，但唯独季节流转，不能忘怀，若未曾踏雪寻梅，总归有点可惜。

冬至，"至"是极致的意思，冬藏之气至此而极。但只要过了这一天，阳气初生，土壤水泽中便有了埋藏的春信。藏之终，生之始，故在古代是一个非常重要的节日，为顺应阳气萌动，此日要关闭城门，市场乃至战事都需停歇，成为一年中最安静的长夜。

冬至吃饺子的习俗大部分北方地区仍然保留着，以当归、羊肉为馅，温补进益，能使人体气血充盈。也有一说"冬至馄饨夏至面"，因为冬至日短，天色昏蒙，又是阴阳两气交替变换，故吃馄饨（混沌）。

南方地区冬至则流行吃汤圆。"圆"意味着"团圆""圆满"，冬至吃汤圆又叫"冬至团"。冬至吃汤圆，象征家庭和谐、吉祥。潮汕地区有"吃了汤圆大一岁"之说。为了区别于后来的春节前夕的"辞岁"，冬至的前一日叫做"添岁"或"亚岁"，表示"年"还没过完，但已经长了一岁。"冬至团"可以用来祭祖，也可用于互赠亲朋。古人有诗云："家家捣米做汤圆，知是明朝冬至天。"

冬至祭祀是从周朝起就有的活动。

《周礼春官·神仕》："以冬日至，致天神人鬼。"目的在于祈求消除国中的疫疾，减少荒年和人民的饥饿与死亡。

《后汉书·礼仪》："冬至前后，君子安身静体，百官绝事。"还要挑选"能之士"，鼓瑟吹笙，奏"黄钟之律"，以示庆贺。

冬至祭祀仪式隆重，仅次于春节。

自唐宋起，以冬至和岁首并重。南宋孟元老《东京梦华录》："十一月冬至。京师最重此节，虽至贫者，一年之间，积累假借，至此日更易新衣，备办饮食，享祀先祖。"冬至这天皇帝要到郊外举行祭天大典，百姓则要向父母尊长祭拜。

古时冬至有送鞋袜的习俗，因为冬至后阳气渐长，因寒气而懈怠的礼仪开始整肃，以待新春。此时将鞋袜呈给长辈，不仅出于严冬保暖之需，更是孝心之举，被称为"履长之贺"。

北方有绘制《九九消寒图》的雅趣，自冬至日起，画梅花枝干在窗上，每日早起时随手画一圆，待画满九九八十一笔，冬天也就过去。推开梅花窗，只见外面杏花飞舞。

可惜梅花不是时时有，雪花更不是年年有，李渔说感觉天有雪意之时，便要带着"帐房"进山，三面封闭留一面以待赏雪观花。待夜临，雪光映窗，雪影拂窗，雪夜之静谧配上一壶好酒——人在雪夜中，就像蜷缩在厚厚积雪覆盖中。可谓人生一乐。

· 冬至节俗 ·

腊八节 | 过了腊八就是年，一年一岁一团圆

一岁之末为"腊"，意为新旧交替。辞旧迎新之时，也是古人正值农闲、祭祖祭神的时节，以求攘除灾祸，祈祷来年安康吉祥。

腊八一过，年味渐浓，家家户户洒扫庭院、杀猪宰羊。在外漂泊的游子归乡，与倚闾而望的亲人团聚，共话家常，句句都是乡音；踏上故乡的土地，闻着泥土的芬芳，让飘零的心暂时有了栖息之所。这注定了是团聚的时光，是安详的季节。

腊八里的故事

年关将近，腊八粥香。几千年前，我们的祖先刀耕火种，只为果腹。春种夏长，秋收冬藏。

面朝黄土背朝天，三百六十五个日夜，最终的收成好坏，大部分却取决于上天的心情。因此，祭祀就成了至关重要的一件事：收成好，要感谢上天神灵；收成不好，则要祈祷来年。

《礼记·郊特牲》说，腊祭是"岁十二月，合聚万物而索飨之也"。

《说文》记载："冬至后三戌日腊祭百神。"

后来佛教传入，为了和释迦牟尼腊月初八得道相联系，腊祭的日子由冬至后的第三个戌日变为了腊月初八。这一天，人们选出最好的五谷、瓜果，敬奉神灵，虔诚祈祷来年丰收，吉祥如意。

随着时间发展，这一简单而朴素的祭祀活动，越来越多地增添了更为丰富的内容。始终没变的，是人们那份美好的期许。

传说释迦牟尼脱离红尘，潜心修炼，其虔诚之心感染了附近的牧羊女。牧羊女供奉乳糜，助释迦牟尼恢复体力，最终得道成佛，这一天正好是腊月初八。后来人们效仿牧羊女进献乳糜，各大寺庙到民间化缘，得五谷杂粮，在腊八这一天熬

成粥，施惠众生，以祈安详。

在河南地区，则流传着这样一个故事。相传岳飞在朱仙镇抗金，天寒地冻，岳家军缺衣少食。百姓自发凑了五谷杂粮煮成粥，助岳家军大胜而归，这一天正好是腊月初八。后岳飞被十二道金牌召回，枉死风波亭。百姓腊月初八煮五谷杂粮粥，寄托怀念之思。

腊八里的美食

祭祀供奉之后，粮食不能浪费，人们熬成粥以自享。加上年关将近，辛苦了一年的人们总需要好好犒劳自己，以迎来年。

而最好的犒劳，自然莫过于一餐别具风格的美食了。久而久之，腊八，成了美食的节日。

腊八粥。寒冬腊月，一炉火，一锅粥。家人围坐，品美食、话家常，最美也不过如此。腊八粥，又称七宝五味粥。

《燕京岁时记·腊八粥》记载："腊八粥者，用黄米、白米、江米、小米、菱角米、栗子、红豇豆、去皮枣泥等，开水煮熟，外用染红桃仁、杏仁、瓜子、花生、榛穰、松子及白糖、红糖、琐琐葡萄，以作点染。"流传至今，所用食材因地制宜，各有区别。总之，有米有豆、有瓜有果，或甜或咸，活色生香，老少皆宜。

腊八面。陕西关中地区，素来以面食为主。到了腊八这一天，家家户户，一碗腊八面。以面粉和各种豆类为原料，和、擀、切……

一定要是厚薄均匀、宽窄一致的韭叶面。红豆提前泡好，腊八一早起来熬汤，小火慢炖，直到熟烂，入口即化。中火煮面，葱花爆香。盛面，浇上葱花，拌上作料。

只此一碗，足矣。

腊八蒜。在我国北方，有泡制腊八蒜的习俗。腊月初八，年味渐浓。家家户户，将蒜剥开，洗净，放入一个密封的罐子里，倒上醋腌制。一些时日之后，蒜瓣在醋的作用下发酵，逐渐变绿，以致通身翠绿，赛翡翠，如碧玉。辣而不辛，酸而不过，脆而有声，实在是佐饭之上品。

至于腊八节的真正内涵，作家迟子建在小说《布兰基小站的腊八夜》里这样告诉我们答案：

小偷刘志因为要给儿子做一顿饺子而做贼被抓，结果却被当事民警释放；千里迢迢为儿子办冥婚的老夫妻得到所有人的帮助，顺利赶上火车……

作为虚构的人物，小说里的主人公们在社会的底层互相取暖，即便再艰难也没忘了扶危救困。即使为命运所牵动的人生注定是悲喜交加的，但每一个努力生活的人，都值得被世界温柔相待。

慈悲，便是腊八节最该有的境界。

· 冬至三候 ·

蚯蚓结，麋角解，水泉动

冬至，十一月中。至，极致，有几层含义。一是阴寒之至，已经到达顶点了。二是阳气始至，阳气始生。三是太阳走到了最南边，此日昼最短，夜最长。这一天，要送鞋，它意味着此日藏之终，生之始，送鞋以纳吉祥。

过了冬至，白昼一天比一天长，阳气回升，因此这是一个值得庆贺的吉日，故也称"亚岁"。

冬至三候是，一候蚯蚓结，二候麋角解，三候水泉动。

冬至本是阴寒达到极致，而冬至三候中，处处是阳气初生带来的变化。

蚯蚓结。蚯蚓是阴曲阳伸的生物。冬至之日，阳气虽已长，但阴气仍重，所以土中的蚯蚓虽然不像六阴寒极时那样纠如绳结，却仍然没有舒展开来。蚯蚓是地下生长之物，古人的观察达于此，实在让人震撼。

二候麋角解。麋属阳性，感阳气在冬至解角。
三候水泉动。冬至一阳初动，天一生水，所以此刻水泉已经暗暗涌动。

浙江宁波"天一阁"命名正缘于"天一生水"。古语说"天一生水，地六成之"，古代藏书楼大多毁于火者，天一阁藏书楼主任范钦，选取了河图洛书中的吉象，为天一阁命名。无论是偶然还是吉象，明代的天一阁至今已经四百余年了，是我国现存历史最久的民间藏书楼。

· 冬至诗词 ·

江上形容吾独老，天边风俗自相亲

冬至

（唐）杜甫

年年至日长为客，忽忽穷愁泥杀人！

江上形容吾独老，天边风俗自相亲。

杖藜雪后临丹壑，鸣玉朝来散紫宸。

心折此时无一寸，路迷何处望三秦？

"长为客"，是这首诗的纲领。

杜甫一生忧黎元、忧时世，他的诗笔饱蘸着血泪与忠诚，读来却没有衰飒之气。他秉持着一颗公心，立于天地之间，如子贡植于孔子坟前的楷树，每一笔每一画，都充满情味，又那么认真。

一个接一个冬至日过去了，他依然蹭蹬失意，依然愁苦终穷，依然飘泊异乡，苦苦寻找着一个可以让自己安身立命并实现

自己抱负的理想归宿。

"忽忽穷愁泥杀人"啊！这一声慨叹，让人忍不住想哭。在飞逝的时光面前，他只能独自憔悴，独自登高，独自遥望风烟迷蒙中的"三秦"，一寸乡思一寸灰，心碎得无法捡拾。

"江上形容吾独老，天边风俗自相亲。"在独自老去的失落之中，还好有节令时序的风俗一致。无论身处何方，冬至是一个大日子。这一天皇室要举行郊祭，臣子要吉服朝贺，民间则流行吃饺子，其隆重的程度，几乎不亚于过年。这种仪式感的相通之处，将远在天边的游子情紧紧牵系在一起。

诗人独自一人扶杖登高，遥望着长安，想象着百官到皇宫朝贺，佩戴的玉器叮当作响，那一派繁盛华丽的气象，更衬得这个边缘人的孤苦与落寞。只是他没有沉溺在个人的悲哀当中，在"心折此时无一寸，路迷何处望三秦"的慨叹中，涌动着的是永不停息的忠诚与热血。

下一个冬至，他会在哪里呢？

邯郸驿里逢冬至，抱膝灯前影伴身

邯郸冬至夜

（唐）白居易

邯郸驿里逢冬至，抱膝灯前影伴身。

想得家中夜深坐，还应说着远行人。

冬至是个大日子，除了相互庆贺之外，家人团聚也是应有之义。

写这首诗时，白居易正宦游在外，一个人客居在邯郸的驿中，心情甚是凄清寥落。

"每逢佳节倍思亲。"在冬至日这个特殊的日子里，诗人却一个人客居馆驿中。能做些什么呢？只有抱膝灯前枯坐着，陪伴着自己的只是自己的影子。个中情味，读来令人鼻酸。

诗人并没有陷入自怜的境况中，一路生发下去。

他从对面入手，想想亲人们此时正和自己一样，也因为自己的缺席而充满遗憾，因为自己不在，而守望到深夜，嘴里念叨着的，正是我这个远行人啊。

浓浓乡愁，关合着天涯的两端。一端系着你，一端系着我。茫茫尘世中，如果人与人之间，没有这点彼此的牵挂，该怎么慰藉这么多的孤独？

不是花时肯独来

冬至日独游吉祥寺

（宋）苏轼

井底微阳回未回，萧萧寒雨湿枯荄。

何人更似苏夫子，不是花时肯独来。

古人认为冬至这天，天气开始转阳，所以苏轼说"井底微阳回未回"。冬至日是一年中白天最短的一天。过了冬至以后，太阳直射点逐渐向北移动，北半球白天逐渐变长，夜间逐渐变短，有俗话说，"吃了冬至面，一天长一线"。

这个冬至日有雨，潇潇寒雨，湿了草根，虽有微阳，到底还是数九寒冬，这样的天气，一般人肯定懒得出去。苏东坡不一样，他颇为自豪地说："何人更似苏夫子，不是花时肯独来。"此时的苏轼，因反对王安石变法，请求外放，为杭州通判。

多年来的宦海沉浮，他练就了一身从困境中超越自适的本领。杭州的佳山水恰好也抚慰了他受伤的心，政事之余，寄情山水，也是人生一乐。与旁人相比，他本来就是特立独行的。在新旧两党党争中，他遵从的不是权势，而是自己的本心；面对自然山水，他也有一份异于常人的妙赏。

吉祥寺牡丹最盛，在宋时，是一个名刹。寒冬时节哪里来的牡丹呢？可他偏偏不随大流，"不是花时肯独来"，坚持自己的一份清贞。在无花时节，他一个人独游寒寺，赏心中之景，这份洒脱，别人学不来，学了也不像。于他，却是自然而然的。

这样的苏轼，是真性情的苏轼，也是千百年，人人都喜爱的苏轼。

小寒 | 一番春意换年芳，蛾儿雪柳风光

元旦后不久，便迎来了有"三九、四九冰上走"之说的小寒节气了。"小寒料峭，一番春意换年芳。蛾儿雪柳风光。"出自元朝诗人王寂的《望月婆罗门元夕》，这里间的诗意，让人不禁联想起一幅寒而有暖的北国画面。

小寒时节既是冬季的尾声，又是春季的前奏。纵使大地仍是一片雪柳风光，但也能常常望见北飞回乡的大雁，这是大地阳气已动，春暖即将悄悄来临。那期盼远方的亲人回家过年团圆的心，也随之萌动起来……

每年1月5日或6日，时为小寒，《月令七十二候集解》："十二月节，月初寒尚小，故云。月半则大矣。"小寒虽寒，但人心随着渐浓的年味而温暖起来。

旧岁近暮，新岁即至。一进入小寒，人们便开始忙着写春联、剪窗花，赶集买年画、彩灯、鞭炮、香火等，陆续为春节作预备，忙碌中的每家每户还不时传出欢声笑语，温暖融洽，为这寒凉时节添上一丝暖意。

寒字下面两点是冰，《说文》释寒为冻，此时还未寒至极，至极是大寒。白日隐寒树，野色笼寒雾。寒气是阳气上升，逼阴气所致。因此在养生方面要注意防寒保暖，养胃保湿，避免感染疾病。

中医认为，"血遇寒则凝"，而很多人在这个时候最明显的感觉就是脚凉，可以勤泡脚并加以按摩，这可以收到较好的驱寒效果，还能促进睡眠、调整身体机能。

"民以食为天"，吃这一方面，是最受众人津津乐道的。小寒的饮食原则是宜温热柔软，宜选择健脾暖胃的食材。

在北方，家家都会煲上一锅山药羊肉汤：备好姜葱酱料，淮山与去筋膜的羊肉共炖，水沸腾后撇去浮沫，羊肉切片装碗，再将原汤加精盐搅匀，连淮山倒入羊肉碗，顿时一阵清香扑鼻而来，这是家的味道，思念的味道。兴许这时来了一通远在他乡的子女打来的电话，心中的暖意不禁喜上眉梢。

· 小寒三候 ·

雁北乡，鹊始巢，雉始鸲

小寒，十二月节。"月初寒尚小，月半则大矣"。寒下两点是冰，小寒寒未至极，至极是大寒。小寒时节，阳气上升，但土壤深层的热量也消耗殆尽，入不敷出，所以小寒是温度极低的时候。

此时，旧岁近暮，新岁即至。

小寒三候是，一候雁北乡，二候鹊始巢，三候雉始鸲。
雁北乡，大意是说大雁已经悄然感知阴阳的逆转，知道阳气即将回升，便开始自南方往北飞回故乡。

二十四节气的物候中，雁已经是第三次出现了，从南归到北飞，完成了生命的四季循环。古代的婚姻六礼——纳彩、问名、纳吉、纳征、请期、亲迎，只有一礼没有用到雁，可想雁在先民心中的尊贵地位了。也许正是雁的守时有信，寓含着即将携手的新人"百年好合"的信与贞。

二候鹊始巢。喜鹊在严寒之时开始筑巢，准备繁育后代。喜鹊在先民心中是有喜感的吉祥之鸟，它是画家笔下的常客。鹊登梅枝，寓意"喜上梅梢"；獾在树下，鹊在树上，叫"欢天喜地"；两只鹊儿对面相逢，叫"喜相逢"。喜鹊感阳而早早作好准备迎春，对历经了漫漫严冬的人来说，何尝不是时时盼望春归来呢？

三候雉始鸲。野鸡第二次出现，前面是感阳气而出，这里便开始鸣叫求偶了。

十二月是一年中最后一个月，又称腊月。腊，原义是猎取禽兽之肉以祭祖。"腊尽残销春又归，逢新别故欲沾衣"，春天快来了。

· 小寒诗词 ·

寻常一样窗前月，才有梅花便不同

寒夜

（宋）杜小山

寒夜客来茶当酒，竹炉汤沸火初红。

寻常一样窗前月，才有梅花便不同。

小寒、大寒是二十四节气中最后两个节气。根据中国多年的气象资料，小寒基本是一年中气温最低的日子，只有少数年份的大寒气温低于小寒，民间也常有"小寒胜大寒"的说法。从冬至开始起计算寒天的"九九"，"三九"是最冷的时段，也总落在小寒节气内。

这首诗是诗人在小寒之夜招待来客的即兴之作。因是君子之交，寒夜客来，无酒便以茶代替，兴味一样浓烈。炉内炭火炽红，茶水沸腾，蒸腾的热气中交织着宾主之间相见甚欢的喜悦。

更妙的是还有一轮明月，月下一枝梅花，傲霜斗雪，在月华的映照下，越发冰清玉洁。

"寻常一样窗前月，才有梅花便不同。"诗人说，窗外的月光和往常并无二致，却因为梅花的存在，使冰冷的月仿佛有了魂魄。其实，让他从寻常当中体味到不寻常的，恐怕不只是梅，还有友人的到访。

有朋自远方来，不亦乐乎？尤其是在这样一个冷冷的寒夜。因为心中欢喜，便眼中有情。

绰约横斜，旖旎清绝

望梅

无名氏

小寒时节，正同云暮惨，劲风朝烈。信早梅、偏占阳和，向日暖临溪，一枝先发。时有香来，望明艳、瑶枝非雪。想玲珑嫩蕊，绰约横斜，旖旎清绝。

仙姿更谁并列。有幽香映水，疏影笼月。且大家、留倚阑干，对绿醑飞觥，锦笺吟阅。桃李繁华，奈比此、芬芳俱别。等和羹大用，休把翠条谩折。

小寒，土壤深层的热量散失到了最低点，尽管白天稍长，太阳的光和热略有增加，但实际这是最入不敷出的时期，也因此是全年最冷的时节。正如这首词所描写的："小寒时节，正同云暮惨，劲风朝烈"，正是小寒之冷。

这个节气，占尽风光的自然是梅。这首咏梅词，上片写尽梅不畏严寒，临水而发。既有绰约横斜之曼妙清绝芳姿，又有明艳如琼瑶的色泽，更有沁人心脾的幽香，阵阵袭来。色、香、味俱全。

下片写梅与桃李众芳之不同。它虽与众芳一样，是文人雅士飞觞传觞、吟赏风月的对象，但它有众芳不具备品质：等和羹大用。和羹，是五味调和的羹汤，一般要登大雅之堂，才有此羹。《书经·说命下》："若作和羹，尔惟盐梅。"此外，和羹也比喻良臣辅佐国君处理朝政。所以诗人自信地说：梅是有大用之物，大家千万不要轻慢了它，不要随意攀折哦。

这首词的作者早已佚名，他一反常人写梅便写其孤高清洁之常态，偏偏写了它堪为大用的良好期许。一个怀抱大志的人，淹没在了历史的风尘之中。

大寒 | 暖榻与新被，只待游子归

北宋词人晁补之有一迎新辞说：

残腊初雪霁。梅白飘香蕊。依前又还是，迎春时候，大家都备。宠马门神，酒酌醍酥，桃符尽书吉利。五更催驱傩，爆竹起。虚耗都教退。交年换新岁。长保身荣贵。愿与儿孙、尽老今生，神寿遐昌，年年共同守岁。

大寒时节，乃一年之中最后一个节气，正所谓："大寒岁底庆团圆。"新年的气息愈发逼近，家家户户忙着除旧布新，而家里老人们嘴里常念叨着的，是多年打拼在外的游子。"暖榻与新被，只待游子归。"有多少按捺不住的行囊已奔波在回乡之路中？

大寒习俗

祭灶。大寒正好是小年，小年最大的习俗就是，小年不出门，在家祭灶神。

灶神就是灶王爷，来源于古代人对火的崇拜。民间有"腊月二十三，祭灶关"的说法。

传说祭灶和过年有着密切的关系，因为往后的大年三十晚上，是由灶神带领天上诸神来到人间过年，所以大寒祭灶神是很重要的，能不能让灶神领着各位仙人来家里，就要看祭灶神那天有没有做好了。

赶集。大寒亦是繁忙的时节，由于与岁末时间相重合，家家户户也加快了筹备新春的脚步，家里人除了忙农活外，还要为准备过年而到处奔波——赶集、买年货。在农村，有一种上街叫赶集，可能很多城里人都不知道了，以前每个月都会约定那么几天，这几天叫作墟日。

大寒前后几天更是热闹，大家都要赶着备年货。到了赶集的那天，各个村里的人会聚到镇上的集市，那叫一个热闹。村上的人想凑热闹的，肯定会早早地起来，老老少少，男男女女，三三两两，都从家里温暖的炕头爬起来，一路拉着家常一起走到集市上。

大人们，有买衣服的、有买日用品的、有买年货的，买得不亦乐乎。孩子们，虽然口袋里没有几个钱，但是成群结队地在热闹的集市四处乱逛，那也是一种快乐，偶然，有一两块钱的"巨款"零花钱，买串冰糖葫芦就可以乐一天。

除了准备年货外，腌制各种腊食、煎炸烹制鸡鸭鱼肉等各种年肴也可算作这寒冬时节里的一件大事。而它们正也构成了这个时令里特有的味道——一种来自家的味道。

糊窗户。除了祭灶、赶集，大寒还有一个必备程序，那就是糊窗户了。现在，大家可能都是除夕才贴窗户纸、春联、福字。以前，大寒前后就要贴了。民间流传着"腊月二十五糊窗户"的说法，过去大家家里都没有这么多玻璃窗户，更多的是上下对开的窗棂，在窗棂上贴上各种白纸，白纸上贴上各种吉利的剪纸。

为什么要在腊月二十五这天糊窗户呢？那个时候人们家里都烧煤取暖，一年下来，上一年好的糊纸已经熏黑了，赶巧大寒也是小年，万物开始更新复苏，家里也得焕然一新才好。于是，大寒就要糊窗户了。

到了今天，我们也不需要再纠结哪天糊窗户、贴剪纸了，但是在全家人一起一扫一糊一贴之间，新年的"年味儿"就全都出来了。

大寒养生

大寒时节，南京百姓的日常饮食多了炖汤和羹，先精选老母鸡肉，单炖或添加参须、枸杞、黑木耳等合炖，热乎乎的白气上腾，不禁让人垂涎三尺。这是妈妈的味道，最容易满足孩子的味蕾。

在养生上，大寒最重要的是保暖、保湿。饮食上，炒双菇则是一道值得推荐的药膳。双菇是指香菇和鲜蘑菇，这道药膳富含维生素和矿物质，提高免疫力，并且有健脾、温肾的功效，这弥补了冬季食用果蔬相对较少而导致营养不全面的不足。

有道是"善始善终"，大寒过后又是一年新的节气轮回。而大寒作为最后一个节气，恰巧又值新春之际，亲朋好友间的团圆相聚也会更加频繁。有了彼此之间的陪伴，告别这寒冬旧岁，也甚是红红火火，倍感温馨。

· 大寒三候 ·

鸡乳，征鸟厉疾，水泽腹坚

大寒，十二月中，是二十四节气中的最后一个。"寒气之逆极，故谓大寒。"

冬至一阳初生，经小寒至大寒，阳气逐渐强大。"过了大寒，又是一年。"经过了一个轮回，大地即将回春。

大寒三候是，一候鸡乳，二候征鸟厉疾，三候水泽腹坚。

一候鸡乳，意思是大寒时节，母鸡开始产蛋了。鹰隼之类的征鸟，盘旋在空中竭力捕食，以抵御最冷也是最后的寒冬。最后五天，水中的冰一直到水中央，又厚又结实，严寒已达顶点。"三九四九冰上走"，大寒正是四九时期。

物极而返。

天地四时的循环，至此而终，也至此而始了。无息的天道裹
挟着世间生灵，在时间的洪流中滚滚向前，演绎着生命的轮
回与传奇。

· 大寒诗词 ·

大寒吟

（宋）邵雍

旧雪未及消，新雪又拥户。阶前冻银床，檐头冰钟乳。

清日无光辉，烈风正号怒。人口各有舌，言语不能吐。

"过了大寒，又是一年。"大寒是二十四节气中最后的一个。
经过了一个轮回，大地即将回春。

此时严寒已达顶点，"三九四九冰上走"，大寒正是四九时期。
邵雍是理学先生，这首诗写得如其人，一板一眼，模样周正。

诗人从雪、冰、风、言四个方面极力描摹大寒之寒。
新雪堆旧雪，拥于户前。

阶前地面结冰，檐头倒挂冰凌，一幅天寒地冻的景象。

阴风怒号着，森森寒意笼于天地间，连日头也仿佛失去了光辉，没有丝毫暖意。

更夸张的还在后面："人口各有言，言语不能吐。"这简直是呵气成冰啊。天气冷到了如此程度？冷到了人的话尚未吐出口，早已冻结在空气中！

这样的大寒，确实是名副其实。

大寒出江陵西门

（宋）陆游

平明羸马出西门，淡日寒云互吐吞。

醉面冲风惊易醒，重裘藏手取微温。

纷纷狐兔投深莽，点点牛羊散远村。

不为山川多感慨，岁穷游子自销魂。

在大寒天里，不甘落寞的诗人，依然出门在寻找着什么。"不为山川多感慨，岁穷游子自销魂"，他到底为何而销魂呢？有人从他的诗中读出了豪情，我却只读出了淡淡的落寞与不甘。

岁穷，意味着年华逝去，时不我待。游子，意味着壮志未酬，乡关渺渺。冬日的触目所见皆是萧瑟，倒也符合他惆怅的心境。

他一大早就骑着一匹瘦马，出了西门。野外，寒云和淡日吞吞吐吐，没有一丝暖意。

凛冽的北风，吹醒了他的酒意，勒缰绳的手冻坏了，不时伸进袭衣里取暖。

寒冬时节，万物早已归藏，他偏偏看见"纷纷狐兔投深莽"，也真是奇怪了。想必，这是诗人想象中的情景，并非即目所见。"点点牛羊散远村"，倒是写实。岁末寒冬，它们依然三三两两地散在远处的村庄里，带来一点点乡村气息。

这样的山川，很寻常。

穷居乡野的自己，空有一腔杀敌热忱，微霜的双鬓却提醒着他，时日无多。也许，此生只能老死于槽枥之间了。

真让人断魂。

永乐沽酒

（元）方回

大寒岂可无杯酒，欲致多多恨未能。
楮币破悭捐一券，瓦壶绝少约三升。
村沽太薄全如水，冻面微温尚带冰。
爨仆篙工莫相讶，向来曾有肉如陵。

张潮《幽梦影》中说："春雨宜读书，夏雨宜弈棋，秋雨宜检藏，冬雨宜饮酒。"

酒本来是文人雅士的触媒，是他们的心头好。寒冬腊月里，更是人们的良伴。

这首诗写得很豪放。

他说大寒天里，岂能无酒？而且酒是越多越好，只可惜囊中羞涩，想买很多很多的酒，竟然不可能。他决定一改平时的吝啬，豪爽地花一次钱，买来大约三升的酒。

颇富戏剧性的是，村里的酒掺了太多的水，纯度不高，以至于酒面上都结了一层薄薄的冰。尽管如此，能大碗喝酒，仍是一件快意的事。他说，那些做饭的、撑船的你别笑我，笑我如今的寒酸，只能买点村酿的薄酒喝，你们哪里知道，我曾经大块吃肉呢。那肉啊，堆得有如一座小山坡了！

这里用了"有酒如渑，有肉如陵"的典故，出自《左传·昭公十二年》。其意是有酒如渑水长流，有肉如堆成的小山。"如渑之酒常快意，亦知穷愁安在哉"，酒，能让杜甫忘掉自己的穷愁，能让一切寒士暂时忘掉自己的烦忧。

永乐沽酒的辛酸全被稀释了，稀释在作者自嘲式的豪放与泼辣中。

想必这是方回晚年走投无路、四处漂泊的真实生存境况。

图书在版编目（ＣＩＰ）数据

图说二十四节气 / 国馆著.-- 武汉：长江文艺出版社，2018.1

ISBN 978-7-5702-0022-1

Ⅰ.①图… Ⅱ.①国… Ⅲ.①二十四节气－图解 Ⅳ.①P462-64

中国版本图书馆 CIP 数据核字(2017)第 295062 号

责任编辑：张远林　黄文娟
实习编辑：林子寒　　　　　　　责任校对：陈　琪
封面设计：壹　诺　　　　　　　责任印制：邱　莉　杨　帆

出版：长江出版传媒｜长江文艺出版社

地址：武汉市雄楚大街 268 号　　　邮编：430070
发行：长江文艺出版社
电话：027—87679360
http://www.cjlap.com
印刷：中印南方印刷有限公司

开本：880 毫米×1230 毫米　　1/32　　印张：12.375　插页：1 页
版次：2018 年 1 月第 1 版　　　　2018 年 1 月第 1 次印刷
字数：148 千字

定价：56.00 元